大规模水光互补发电系统
全生命周期协同运行

明波　刘攀　著

中国水利水电出版社
www.waterpub.com.cn
·北京·

内 容 提 要

多能互补协同运行是当前国际能源领域的热点和前沿问题。本书以目前世界上装机规模最大的单体多能互补电站——龙羊峡水光互补电站为研究对象，以促进水电和光电的协同性为核心，详细介绍水光互补经济运行、日发电计划编制、中长期调度规则提取以及光伏装机容量规划 4 个方面的理论、模型与方法。

本书适合水电能源调度领域的科研工作者以及在校研究生、工程技术人员阅读。

图书在版编目（CIP）数据

大规模水光互补发电系统全生命周期协同运行 / 明波，刘攀著. -- 北京 : 中国水利水电出版社，2021.9
ISBN 978-7-5170-9872-0

Ⅰ. ①大… Ⅱ. ①明… ②刘… Ⅲ. ①水电资源－资源开发－研究 Ⅳ. ①TV7

中国版本图书馆CIP数据核字(2021)第169933号

书　　名	**大规模水光互补发电系统全生命周期协同运行** DAGUIMO SHUIGUANG HUBU FADIAN XITONG QUANSHENGMING ZHOUQI XIETONG YUNXING	
作　　者	明波　刘攀　著	
出版发行	中国水利水电出版社 （北京市海淀区玉渊潭南路 1 号 D 座　100038） 网址：www. waterpub. com. cn E - mail：sales@waterpub. com. cn 电话：(010) 68367658（营销中心）	
经　　售	北京科水图书销售中心（零售） 电话：(010) 88383994、63202643、68545874 全国各地新华书店和相关出版物销售网点	
排　　版	中国水利水电出版社微机排版中心	
印　　刷	天津嘉恒印务有限公司	
规　　格	170mm×240mm　16 开本　9 印张　176 千字	
版　　次	2021 年 9 月第 1 版　2021 年 9 月第 1 次印刷	
定　　价	**55.00 元**	

凡购买我社图书，如有缺页、倒页、脱页的，本社营销中心负责调换

可再生能源的开发和利用是保证未来能源安全以及应对全球气候变化的重要途径。但是，以风、光电为代表的可再生能源具有间歇性、波动性以及随机性等特征，导致其消纳困难，弃电现象严重。利用资源的互补性以及水电的灵活性，将流域内风能、光能、水能等多种能源进行聚合，形成大型多能互补发电系统，是降低新能源并网的冲击性、提升流域资源利用率的一种有效途径。然而，多能互补并不是将几种能源进行简单的叠加，需要充分发挥不同能源的特性，实现优势互补，高效联动，最终将多种能源耦合成一个有机的整体。

相比于传统梯级水电站群系统或者小型、离网互补系统，大型多能互补系统运行管理的主要难点在于：系统维度更高，不确定性输入更多，调度目标间的竞争性更强。因此，采用传统水电调度理论将难以有效指导大型多能互补系统的安全、高效运行。如何发挥不同能源的协同性，进而实现不同能源的深度融合，对于新能源的集中消纳以及流域水资源综合管理均具有重要意义。

2013年，我国在青海省率先建成了世界上首座，也是装机规模最大的单体多能互补电站——龙羊峡水光互补电站，开创了传统水电与大规模光伏发电协同运行的先河。据统计，与龙羊峡水电站打捆运行的85万kW的光伏电站一年可发电14.94亿kW·h，相当于每年节约火电标煤49.3万t，减少二氧化碳排放约123.2万t，二氧化硫约419.1万t，氮氧化合物364.9万t，创造了良好的社会效益、生态效益和环境效益。龙羊峡水光互补电站的建成，也拉开了大规模多能互补研究的序幕。

基于以上背景，在国家自然科学基金联合基金重点项目"流域风光水智能互补的全生命周期设计、运行及维护研究"

（U1865201）、国家自然基金青年基金项目"嵌套短期弃电风险的风光水多能互补中长期优化调度研究"（52009098）、中国博士后创新人才支持计划项目"流域风光水多能耦合机制及短期风险调度研究"（BX20200276）、中国博士后科学基金面上项目"耦合多维不确定性的流域风光水多能互补系统的短期风险调度研究"（2020M673453）等项目的资助下，本书作者及研究团队依托龙羊峡水光互补电站，开展多时间尺度下的运行调度与规划设计研究工作。

本书的主要内容如下：

第 1 章介绍本书的研究背景及意义，阐述了多能互补所面临的核心难题；系统梳理了多能互补实时与短期调度、多能互补中长期调度、多能互补规划设计三方面的研究成果，并指出未来的发展方向。

第 2 章介绍光电预测不确定性条件下的水光互补电站经济运行研究，主要包括光电出力预测不确定性的表征，水光互补电站机组组合鲁棒优化模型构建，结合智能算法和动态规划的双层嵌套优化框架。

第 3 章介绍耦合经济运行模块的水光互补电站日发电计划编制研究，主要包括发电计划编制双层规划数学模型构建，基于"模型解耦、算法融合"的调度模型求解思路与发电计划多重临近最优解及其柔性决策区间的推求方法。

第 4 章介绍基于显随机优化的水光互补电站中长期优化调度研究，主要包括入库径流、光伏出力的随机性描述，考虑多种随机情景的水光互补中长期优化调度模型构建及求解。

第 5 章介绍考虑短期调度特征的水光互补电站中长期优化调度研究，主要包括光伏弃电损失函数构造方法，耦合弃电损失函数的中长期调度图多目标优化模型构建，基于"参数-模拟-优化"框架的互补调度图最优型式及参数识别方法。

第 6 章介绍光伏装机与互补调度规则同步解决方案研究，主要包括水光互补调度过程长-短嵌套模拟方法，光伏装机规划模型构建，光伏装机容量确定与互补中长期调度规则提取同步解决方法。

第 7 章对全书的主要研究成果和相关结论进行总结，并指出可继续完善的思路。

全书由西安理工大学明波副教授与武汉大学刘攀教授共同撰写。在课题研究以及书稿撰写过程中，得到了李赫、杨智凯、钟华昱、陈晶、李研等研究生以及同行的大力支持，在此一并表示感谢。特别感谢西安理工大学省部共建西北旱区生态水利国家重点实验室对本书的出版进行资助。

由于作者水平有限、时间仓促，书中难免存在疏漏之处，欢迎读者和有关专家对书中存在的不足进行批评指正。

作者

2020 年 12 月

第 1 章

绪　　论

1.1　研究背景及意义

能源是人类社会赖以生存的物质基础，是现代经济的重要支撑，同时也是国家核心竞争力的重要组成部分[1, 2]。随着能源危机的加剧，生态环境的恶化，以及极端气候事件的频发，开发利用可再生能源成为保证未来能源安全以及应对全球气候变化的重要手段[3, 4]。可再生能源是指具有自我恢复特性，并可持续利用的一次能源，包括太阳能、风能、生物质能等。联合国政府间气候变化专门委员会（intergovernmental panel on climate change，IPCC）第五次报告《可再生能源特别报告》称：到 2050 年，太阳能、风能、水电、地热、海洋能源及生物能源等六大可再生能源，将有望满足全球近八成的能源需求[5, 6]。

近年来，由于全球气候变化问题的日益突出以及国际社会对节能减排的广泛关注，各国纷纷出台了相应的能源战略计划，以进一步刺激可再生能源的开发与利用。例如，欧盟要求其成员国到 2020 年 20％的电力需求须由可再生能源提供；德国政府计划到 2030 年将可再生能源的比重提升至 55％～60％；美国 2013 年发布的"federal energy management program（FEMP）"旨在促进大规模可再生能源的开发和利用；我国 2016 年发布的《可再生能源发展"十三五"规划》中也明确指出："积极稳妥发展水电，全面协调推进风电开发，推动太阳能多元化利用，开展水风光互补示范基地示范"。国际可再生能源署（international renewable energy agency，IRENA）发布的《2018 可再生能源统计报告》显示（图 1.1）：截至 2017 年年底，全球可再生能源总装机容量为 2179GW，其中水电、风电、光电装机容量分别为 1152GW（53％）、514GW（24％）和 397GW（18％）。与此同时，中国的水电、风电、光电装机容量分别为 313GW、164GW、131GW，三项均位列世界第一，成为世界节能减排冠军[7]。

风力发电和光伏发电具有取之不尽、用之不竭、绿色环保等优点，是目前新能源发电的主力军。但风电和光电容易受环境因素的影响，二者出力均具有明显的间歇性、波动性和随机性。从发电的规模来看，大规模集中式发电（一

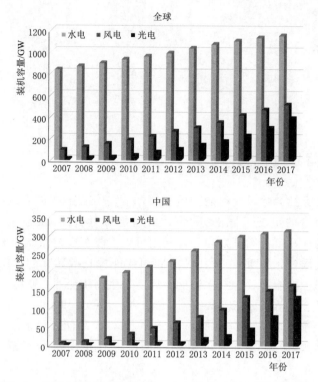

图 1.1 全球与中国历年（2007—2017 年）水风光累计装机容量

般指大于 10MW）和分布式发电是目前新能源发电的两种主要形式[8]。大规模风、光电直接并网，会对电力系统的调峰和稳定运行带来极大压力[9-13]。因此，电力调度人员从安全稳定的角度出发，通常有选择性地接收风、光电。由于风、光电的不可调度性，也无法进行大规模存储，弃电现象十分严重。水电机组具有启停迅速、运行灵活、出力变化幅值大、对负荷变化响应快等特点，是理想的调峰电源[14-16]。利用水电调节风、光电，形成多能互补系统，是破解当前风、光电消纳难题的一种新思路。多能互补的基本原理可总结为：利用水轮机组的快速调节能力，用以对冲新能源发电的波动，形成优质稳定的电源，从而很好地满足电网对负荷稳定性的要求。由于风、光电等新能源的不可调度性，多能互补调度的本质上是新能源接入边界条件下的水电站水库再调度（reservoir reoperation）。

水库优化调度是一类高维、动态、非凸、非线性的复杂最优控制问题，最早起源于 19 世纪 50 年代美国的哈佛水项目（harvard water program）。经过近 70 年的发展，水库优化调度在理论和模型上均取得了长足的进步[17-20]。传统的水电调度模型与方法可为多能互补调度奠定坚实的理论基础，但由于新能源的不可调度性以及强随机性，多能互补协同运行也将受到诸多因素的挑战。具体包括以下 3 个方面：

（1）多能互补运行过程中，多个风、光电厂的加入使得互补系统的规模急剧扩大，维度增高，伴随的不确定性输入更多，同时增加了除传统水资源综合利用要求之外的新能源消纳需求，优化调度决策的制订更加复杂。

（2）水电站水库不仅需要满足流域水资源综合利用的要求，同时还需要在电网调度的指令下辅助促进新能源并网，能源系统与水资源系统间的纽带关系也更加复杂，但其内在的协同机理尚不清楚。

（3）多能互补协同运行是一个多时间尺度相互嵌套、反馈的过程。由于系统的规划设计与运行管理、中长期调度与短期调度之间的高度耦合性，单一时间尺度或者局部的协同控制无法确保整个系统在全生命周期内的运行性能达到最优。

鉴于此，本书将围绕水力发电和光伏发电的协同性这一主题，从工程建设全生命周期的视角下，开展大规模水光互补系统多时间尺度的协同控制研究，包括光伏电站容量规划、互补短期优化调度、互补中长期优化调度三个核心内容。从工程应用角度，本书通过充分发挥梯级水电站水库的调节能力，可协调流域水资源综合管理以及光伏发电并网，进一步提高水能利用率，降低光伏发电的弃电率，最终实现流域资源利用率的最大化。从理论研究角度，本书通过提出一系列适应水光电协同运行的模型、方法及思路，可进一步拓宽对水-能耦合关系的认识，丰富大规模多能互补调度理论和技术体系。

1.2 国内外研究进展

水光互补属于多能互补的一个重要分支，类似的概念包括国内提到的风水互补[21]、风光互补[22]、风光水互补[23]等。在国外，多能互补系统也称为混合能源系统（hybrid energy system，HES）[24]、混合可再生能源系统（hybrid renewable energy system，HRES）[25]、多能源系统（multi-energy system，MES）[26]等。由于现有的多能互补系统往往建立在"克服单一能源的不足，实行多能优势互补"的基本思路之上，其规划设计与运行管理的理论、模型、方法等通常相接近。因此，本书的文献调研并不限于水光互补，还涉及其他类型的多能互补系统。调研内容包括：多能互补实时与短期调度、多能互补中长期调度、多能互补规划设计。

1.2.1 多能互补实时与短期调度
传统水电短期调度的主要任务是将长期调度分配给本时段（周、日）的输

入能在更短的时段（日、小时和 15 min）内进行合理分配[27-29]。该过程主要
包括两个基本内容：发电计划编制（以水定电）和实时经济运行（以电定水）。
在多能互补实时与短期调度中，由于风、光电出力容易受环境、气象因素的影
响，在短时间尺度上（一般指时间分辨率不低于 15 min）会呈现出剧烈的随
机波动性，使得互补运行的安全性、经济性受到更严峻的挑战。虽然各种先进
的预测手段（如数值天气预报、集合预报、概率预报、人工智能技术）被广泛
应用于风、光电短期出力预测中，但均不可避免地存在预测误差，即预测存在
不确定性。相关研究成果表明：风电场日前出力预测均方根误差（root mean
square error，RMSE）一般在 15%～20%（相对于装机容量)[30]；而光伏出
力日前出力预测 RMSE 在 7%～11%[31]。预测的不确定性使得调度决策往往
伴随着一定的风险。因此，风、光出力的不确定性表征、不确定性条件下多能
互补实时与短期调度建模、多能互补实时与短期调度模型高效求解成为多能互
补实时与短期调度领域中的 3 大核心问题。

1. 风、光出力的不确定性表征

在电力系统规划与运行管理中，通常采用多场景集合对风电出力、光电出
力、负荷等不确定性因素进行表征。其基本思想是：首先，选择特定的模型结
构（如概率分布模型、时间序列模型）对不确定的因子进行拟合；然后，利用
率定的模型对不确定性变量进行随机抽样；最后，利用场景缩减技术将生成的
多个场景缩减为若干典型场景。

利用概率分布模型生成多个情景首先需要利用有限的数据样本拟合出不确
定性输入的概率密度分布函数（probability density function，PDF）。大量研
究表明，同一随机变量的概率分布规律通常具有时间和空间尺度的差异性，须
结合具体问题分析。例如，在我国，径流通常被假定服从 P-Ⅲ 型分布[32]，而
风电出力的概率分布大多采用源于风速的 Weibull 分布，光伏出力的概率分布
大多采用源于辐射强度的 β 分布[33]。由于风、光电出力的影响因素众多，利
用风速和辐射强度的概率分布来表征功率的概率分布可能导致较大偏差。
Lange[34]通过对风速预测误差和风功率预测误差的比较分析发现，利用功率曲
线将风速的误差分布转化为功率误差分布时会存在高估现象。因此，基于实测
出力数据的风、光电概率密度分析越来越成为一种主流方法。倪识远和胡志
坚[35]分别使用了正态分布、含尺度和位置参数的 t 分布、logistic 分布对不同
时间尺度的风功率概率密度进行拟合。研究发现：含尺度和位置参数的 t 分布
拟合精度最高，并且随着时间尺度的增大，该分布和 logistic 分布的拟合效果
相接近。Li 等[36]在研究水光互补中长期调度时，发现大规模光伏发电出力基
本服从对数正态（Log-normal）分布。类似的研究表明，不同地区、不同时
间尺度的光伏出力可近似服从正态分布、Beta 分布、Weibull 分布、Extreme

Value（Ⅰ型）分布等[37]。

为克服风、光电出力特性不能准确描述这一缺陷，目前含风、光电日前调度模型中大多采用确定的预测值与不确定的预测误差的之和来表征实际出力。根据中心极限定理，预测误差大多假定服从正态分布[38-43]。然而，已有的研究表明，风、光电的预测误差并不一定服从正态分布。Bludszuweit 等[44]基于两个风电场一年的长系列观测数据，发现风电的预测误差概率密度函数具有3～10个可变峰度，因此可将其归类为厚尾分布。研究中还提出了一种新的Beta 分布用于表征风电出力预测误差。Zhang 等[45]认为风电预测误差的概率分布与预测的时间尺度、量级等有关，为此提出了一种 Versatile 分布模型用于表征风电预测误差。赵唯嘉等[46]提出了一种基于 Copula 理论的光伏发电出力的条件预测误差分布估计方法。结果表明，所提出的方法在校准性和锐度方面均优于基于正态分布的预测误差估计方法。Bae 等[47]基于多种气象因素以及支持向量机（support vector machine，SVM）构造了太阳辐射提前 1h 的预测模型，并对预测误差做了分析。研究表明，太阳辐射预测误差可归类为含尺度和位置参数的 t 分布。

由于区域气候的相似性以及气象因子之间的关联性，不同电厂出力间可能存在一定的相关性。为准确表征互补系统输入的不确定性，多数研究采用 Copula 函数对风光水电厂的时空不确定性进行建模。卢锦玲和於慧敏[48]为刻画风光出力的非线性和尾部特性，引入线性加权混合 Copula 函数，分别建立风电-风电、光伏-光伏功率的联合分布函数，相比基本 Copula 函数类型，该方法捕捉结构特性更为精准。Ávila 等[49]探索了巴西不同地区水文与风况的空间相关性，并采用熵 Copula 方法构建了月径流与风电出力的联合随机模拟模型。邱宜彬等[50]针对现有多维风电出力相关性模型精度偏低的缺点，提出先利用聚类方式对数据进行场景划分，再结合 Copula 函数和 D 藤结构分场景对多维风电出力进行建模，提出基于场景 D 藤 Copula 模型的多风电场出力相关性建模方法。Zhang 等[51]在自回归滑动平均模型和改进的藤 Copula 方法的基础上，利用实测数据建立了风电和光伏发电的联合分布模型，以获取风电和太阳能之间的时空相关性，并探索了具有足够代表性的可再生能源发电情景。

基于率定的概率分布模型，通过随机抽样方法可生成多个风、光电出力情景。该方法建立在大数定理的基本理论之上，本质上是用离散的概率分布代替连续的概率分布[52]。通过反复抽样，使得离散的概率特征能够逼近总体。但大量场景输入调度模型中会导致问题的计算规模急剧扩大。为降低随机规划的计算负担，需要在原始生成的场景基础上进行缩减，选择出具有代表性的场景用于调度计算。该过程称为场景缩减，其基本思想是使缩减之后的场景子集与缩减之前的场景集之间的概率距离最短[53,54]。同步回代缩减（simultaneous backward reduction，SBR）[55-57]、快速前代选择（fast forward selection，FFS）[54]、场景树缩减（scenario tree reduction）[58]等方法被广泛应用于含不确定变量的随机规划模型中，其中，SBR 的使用较为普遍。张晓辉等[55]将变差系数作为场景缩减的终止准则，基于 SBR 获取了负荷、风电出力以及碳交易价格 3 类不确定性变量的典型场景。邹云阳和杨莉[56]采用 Wasserstein 距离指标对风、光电出力的概率密度函数进行最优离散化得到多场景集合，再通过SBR 提取经典场景，在保证计算精度的条件下减少了随机规划的计算量。王伟等[57]基于水电站日运行数据，利用 SBR 提取了单峰、双峰、月典型三种典型日负荷曲线以及对应的发生概率。通过场景缩减，可得到若干代表性的场景以及对应的发生概率，作为随机规划模型的输入。

2. 不确定性条件下多能互补实时与短期调度建模

如何应对风、光、水资源的强不确定性是多能互补实时与短期调度中的一个核心难题。模拟和优化是研究多能互补实时与短期调度的两种基本方法。利用模拟方法，可获取互补系统的基本运行特征。在此基础上，再采用优化技术进一步提高系统的运行性能。

模拟调度的主要目的在于，考虑互补系统的基本特征，采用数学模型表征互补系统的运行过程，其核心内容在于确定互补系统的性能评价指标以及约束条件。基于模拟方法，可对互补系统的性能进行评估，从而为优化调度决策、互补可行性分析、互补可靠性分析等提供依据。静铁岩等[59]提出了冬季枯水期水电/风电系统的日间联合调峰运行策略。An 等[60]提出了大型水光互补电站的基本模拟准则，并基于模拟方法比较了水光互补电站与水电站的调峰能力。Jurasz 等[61]基于混合整数非线性规划模型对并网的风光水混合能源系统的供电特性进行了模拟。结果表明，实行风光水联合调度可明显降低互补系统与电网的能量交换量。

相比于模拟调度，优化调度的研究范围更加广泛，主要集中在应对风、光出力的不确定性上。多能互补实时与短期优化调度问题描述可总结为：考虑模型输入的不确定性，确定优化调度方案，使得互补系统在满足安全稳定约束的基础上经济效益最大或运行成本最小。从应对不确定性因素来看，优化调度模型大致可分为 3 类，即随机优化（stochastic optimization）、鲁棒优化（robust optimization）、区间优化（interval optimization）。

随机优化的基本思想是将不确定的参数看作服从某一分布函数的随机变量，可分为概率场景优化和机会约束优化（chance-constrained optimization）。机会约束优化又称概率优化，其特点在于决策不必完全满足约束条件，但满足约束条件的概率不小于给定的置信水平[62]。机会约束规划可以很好地平衡决策的经济性和可靠性，但其求解过程较为复杂。主要源于两方面的因素：①随机变量的概率密度函数的反函数通常难以有效确定；②当用连续的概率分布函数来描述不确定性时需要应用复杂的组合技术和方法，导致计算负担大。为提高机会约束规划的求解速度，利用人工神经网络模拟机会约束条件成立的概率水平，并将其嵌入机会约束规划模型是一种可行途径[33]。相比较而言，概率场景优化在多能互补实时与短期调度中的应用更为广泛。Ding 等[43]针对风电/抽水蓄能互补系统日前调度问题，基于确定性的混合整数规划模型，分别提出了机会约束优化和概率场景优化随机调度模型，使得互补系统的期望效益最大。王海冰等[63]考虑可再生能源出力和负荷的不确定性，建立了考虑条件风险价值的两阶段随机规划发电调度模型，使得在风险可控条件下发电费用最小。

鲁棒优化是一类基于区间扰动信息的不确定性决策方法，其目标在于实现不确定参量最劣情况下的最优决策，即通常所谓的最大最小决策问题[64]。与传统随机优化相比，鲁棒优化无须确定随机变量的概率分布函数，计算负担小，已被广泛应用于多能互补调度中[65]。但是，鲁棒优化得到的方案一般偏保守，虽能保证方案在不确定性集合内均满足约束条件，但同时也牺牲了方案的经济性。Jiang 等[66]针对风电/火电/抽水蓄能微网系统日前调度问题，提出了一种鲁棒优化调度模型，该模型可提供一个具有鲁棒性的机组组合方案，使得系统在最坏的风电情景下的运行成本最低。Chen 等[67]针对水/火/风互补系统，构建了两阶段分布式鲁棒优化模型，并提出了该模型的半定规划等价形式以及求解算法，实例证明了模型的有效性。

区间优化近年来才用于多能互补短期优化调度中。该方法是将不确定性参数表示成区间，状态变量当作区间，控制变量为实数，目标是寻求能使区间状态变量满足约束条件且使得目标函数（也可能为区间）达到最优[68]。相比较而言，区间方法只需关注区间上下界信息，无须得到不确定量的概率分布，具有广泛的应用前景[69]。Wang 等[70]为提高电力系统运行的安全性和经济性，提出了基于区间优化的机组组合模型。通过全场景分析，得到了不稳定节点注入对机组组合的最坏影响，从而使得模型能够始终提供安全经济的机组启停方案。Wu 等[71]评估了概率场景优化以及区间优化两种方法在含风电场的电力系统机组组合问题中的应用。结果表明，基于概率场景的随机优化模型可以得到更加稳定的解，但是计算负担较大。区间优化的计算负担较小，但是其最优解对区间数十分敏感。研究还指出，区间优化并不适合离散的随机变量。

3. 多能互补实时与短期调度模型高效求解

多能互补实时与短期优化调度模型的求解不仅需要考虑风、光电等能源的不确定性，还需处理梯级水库系统复杂的水力联系及不同电源之间的电力联系，是一个典型的多阶段、高维、非凸、非线性的复杂控制问题[72]。传统的水电站优化调度[16, 73-76]、水火电优化调度[77, 78]已有数十年的研究历史，诸多算法相继被提出，主要包括传统的规划类算法（如线性规划、非线性规划、动态规划）和智能算法两大类。针对多能互补系统实时和短期优化调度问题，目前应用较多的算法主要有 3 种：混合整数线性规划（mixed-integer linear programming，MILP）、群体智能算法及混合算法。

MILP 在电力系统经济调度、机组组合方面应用十分广泛，已有多种成熟的优化应用软件，如 GAMS、CPLEX 等。但 MILP 的理论基础为线性规划，在处理非线性问题时，往往需要对非线性约束条件进行线性化处理。尤其在处理含水电站的调度问题时，涉及的非线性约束众多，如水位-库容曲线约束、尾水位-下泄流量约束、机组特性约束、机组振动区约束等，在实际应用中建模复杂、求解效率不高。Nieta 等[79]基于 MILP 方法优化了风水互补系统日前电力市场竞价策略。研究表明，该模型能够量化水电和风电的联合调度效益。张倩文等[80]提出了含风电、光伏、水电和抽水蓄能的互补发电系统，分别以系统运行成本最低和互补系统出力波动最小为目标函数建立了两种优化调度模型，采用 CPLEX 软件进行求解，算例验证了两种模型的合理性和可行性。

群体智能算法是一类模拟自然规律或者生物行为的随机搜索算法，理论上可以在充足的迭代次数下找到问题的最优解或近似最优解。由于智能算法对优化问题的连续性和可导性没有要求，具有理论要求弱、兼容性好、求解速度快等特点[81]。但智能算法在处理复杂约束条件时需要配合有效的约束处理策略，否则容易导致算法收敛性差甚至不收敛[82, 83]。常见的智能算法包括：遗传算法[84, 85]、粒子群算法[72, 86]、差分进化算法[87, 88]等。Chen 等[82]提出猎物-捕食者算法用于求解风水火概率区间优化模型，通过构造修补算子有效处理了模型中复杂的约束条件。杨晓萍等[86]针对风光储联合"削峰"的优化调度问题，建立了互补系统收益最大和净负荷的方差最小的多目标优化调度模型，采用多目标粒子群算法进行求解，算例验证了所建模型的可行性和钠硫电池储能系统在提高清洁能源消纳和水火电机组运行效率方面的有效性。

由于不同种类算法的局限性，将不同算法进行融合也是求解多能互补实时与短期调度问题的一种有效途径。其出发点是：发挥不同算法的优势（如动态规划强大的非线性处理能力、智能算法的并行搜索能力），通过算法融合提高问题的求解效率[89]。Ming 等[90]针对大型水/光互补电站的机组组合问题，提出了集合智能算法和动态规划的双层嵌套优化算法。该算法的外层采用智能算法优化机组开/停机状态，内层采用动态规划算法优化负荷分配策略。研究表明，所提出的算法能在可接受的时间内得到较优的调度方案。

1.2.2 多能互补中长期调度

在流域水资源综合管理中，调度时段长为旬、月或者更长的调度统称为中长期调度。研究对象通常是具有年调节及以上性能的水电站水库。相比于短期调度，中长期调度的优点在于能够充分利用径流的季节性信息，从而保证水电站水库在长时间运行过程中性能较优。目前，关于多能互补中长期调度的研究相对偏少。Li 和 Qiu[91] 提出了大型水光互补电站发电量最大和互补出力波动性最小的确定性多目标优化模型，并采用改进非支配排序遗传算法（non-dominated sorting genetic algorithm-Ⅱ，NSGA-Ⅱ）进行求解得到长期调度方案。由于在实际运行过程中，光伏出力和入库径流并不能准确预测，基于确定性优化结果指导互补电站运行可能会偏离最优运行轨迹。针对这一问题，Yang 等[92] 采用隐随机调度方法制订了大型水光互补电站的中长期优化调度规则。研究发现，可用能量和末库容之间存在较强的相关性，可作为水光互补系统调度函数的输入和输出变量；利用推导的线性调度规则可进一步提高互补系统的发电量和发电保证率。随后，Li 等[36] 采用显随机优化框架对水光互补电站调度规则问题进行了拓展研究。研究发现：同时考虑入流和光伏出力的不确定性能够进一步提高互补调度效益。考虑到大规模风光水耦合运行的本质是风、光电等间歇性能源接入情况下的水电站水库调度，因此需对传统水电站水库中长期调度中的核心问题进行梳理和总结，主要包括以下 3 方面的内容，即中长期调度与短期调度的耦合模型、中长期调度规则基本形式以及中长期调度多目标优化。

1. 中长期调度与短期调度的耦合模型

随着水文预报技术的不断发展，利用不同时间尺度的预报信息指导水库运行可进一步提高水库的运行效益[93]。在实际调度中，通常采用"长-中-短"嵌套的调度模式[27,94,95]。基本流程为：首先，根据调度规则制订中长期调度方案（决策）；其次，将其作为短期调度的边界条件，即短期调度根据中长期计划制订的末水位或者电量作为模型的输入条件；最后，在短期调度中，结合更新的预报信息，进一步制订预见期内的更精准的发电计划[96,97]。针对中长期调度和短期调度的衔接问题，国内外学者也做了诸多有益的探索。

第一种思路是将长期调度信息耦合在短期调度模型中，通过对短期调度末库容的控制实现短期效益和长期效益的协调。Celeste 等[98] 指出短期调度模型缺乏径流的季节性信息，将长期信息耦合在短期调度模型中可进一步提高水库的运行效益。基于此，建立了一个长期显随机优化以及短期确定性优化耦合调度模型，利用长期调度决策指示短期调度是否需要限制供水以减轻未来缺水的风险。类似地，Sreekanth 等[99] 提出了一种将长期目标耦合在短期优化调度模型中的耦合调度模型。首先，采用机会约束优化模型制订长期调度决策；其次，将得到的逐时段末水位作为短期调度模型的水位下限；最后，基于发电效益最大模型确定短期调度决策。研究表明，相比于只采用短期模型的情景，所提出的方法可进一步提高水库的运行效益。研究还指出，利用长期模型得到的末水位约束短期模型可对冲长期缺水的风险。如果不考虑该约束条件，短期调度结果将是局部最优的。

第二种思路是在长期调度模型中考虑短期调度特性，从而更好地实现长期调度模型中水量和电量的合理分配。武新宇等[100]认为中长期调度和短期调度的分离会导致长期优化调度目标中难以全面考虑典型日水电调峰问题，因而会造成长期时段负荷分配不合理，典型日负荷不能平衡等问题。为此，建立了水电站群长期典型日调峰电量最大模型。研究表明，所提出的方法使得长期优化调度能更好地体现电力系统对水电长期调度的调峰需求，得到的水电调度计划有更好的可操作性和实用性。

第三种思路是将中长期调度和短期调度进行同步优化，即不存在长期对短期，或者短期对长期的"控制"作用。Chen等[95]构建了梯级水电站群多层嵌套耦合优化调度模型，该模型能较好地利用不同精度的径流预测，且能协调长期和短期调度策略的"控制和反馈"关系。Xu等[101]阐述了短期调度通过末库容影响长期调度效益这一事实，据此提出了梯级水电站水库短期多目标优化调度模型。研究中，首先建立了一个发电量最大和蓄能最大的短期多目标日调度模型，并采用NSGA-Ⅱ得到短期调度的非劣解集。然后，建立了以发电量最大为目标的月调度模型，评价了不同短期调度方案所对应的全年总发电量，最终得到能保障全年发电量最大的短期调度方案。

2. 中长期调度规则基本形式

调度规则本质上是对水电站水库运行规律的一种概括和总结。由于在制订调度规则过程中考虑了径流的随机特性，在"一致性"假定的前提下，调度规则被认为是指导水电站水库运行的一种最有效工具[102-104]。隐随机优化（implicit stochastic optimization，ISO）[105]、显随机优化（explicit stochastic optimization，ESO）[106]、参数-模拟-优化（parameterization-simulation-optimization，PSO）[107]是制订调度规则的3种基本框架。ISO首先采用确定性优化调度得到最优调度样本，然后采用回归分析或者数据挖掘技术得到调度函数。ESO将径流过程描述为服从一定概率分布的不确定性输入，直接采用确定性优化原理进行建模。PSO预先给定调度规则的基本形式，然后采用优化算法（如复形调优法、智能算法）对其中的关键参数进行优化，使得调度规则的模拟效果尽量最优。调度规则大致可分为以下3类：调度原则、调度图、调度函数。

调度原则是一种利用语言描述的抽象调度规则，其形式不如调度图和调度函数直观，但由于通俗易懂，在生产实践中被广为接受[108]。对于综合利用水库，调度原则一般规定了不同时期水库的主要任务（供水、发电、防洪）、调度边界条件及水库运行效益控制指标（如保证率不低于某一设计值）。对于以供水或者防洪为目标的串联梯级水库群，一般存在上游水库先蓄水、下游水库先放水的调度原则[109]，而对于以发电为主的梯级水电站群，可采用 K 值（蓄放水判别系数）判别法决定水库的蓄放水时机。通常，K 值越大先蓄水，K 值越小先放水[110]。对于跨流域调水工程，调度原则一般规定了不同水源和用水户的供水次序，可视为调度的宏观控制和表达。

　　调度图以水位或库容为纵坐标，以时间为横坐标，通过多条指示线将水位或库容划分成若干决策区域的一种图形。由于调度图具有物理意义明确、形式直观等优点得到了广泛的研究和应用，在水库调度实践中具有很高的认可度[111-115]。传统调度图编制通常采用时历法，但存在编制过程烦琐、需要反复人工修正等缺陷[116]。为此，众多学者提出了基于模拟-优化框架的水库调度图自动编制技术，其难点在于保证上下调度线不交叉、避免调度线呈锯齿状。通过预设调度线的形状[117]，优化调度图关键节点[114]，设计修补算子[118]，或者对调度线进行平滑修正[119]可得到变化趋势合理的调度线。利用传统调度图指导水库运行，由于并未考虑预报信息，决策偏保守[120]。将调度图与预报信息相结合起来是提高水库运行效益的一种有效方法[121]。

　　调度函数是一种基于函数形式表征调度决策（如下泄流量）与运行要素（如可用水量）之间关系的调度规则，通常采用回归分析或者数据挖掘技术对最优调度样本进行分析总结得到[122]。与调度图相比，调度函数在决策过程中由于考虑了更多的水库运行要素，通常能够使得水库运行效益更优。调度函数样本输入、线型选择以及调度函数参数优化是决定调度函数科学性和实用性的三个关键因素[123]。多元回归分析、曲面拟合、人工神经网络、支持向量机等方法被广泛应用于调度函数提取。由于不同调度函数各有优劣，利用贝叶斯模型平均方法将多种调度函数进行综合集成可进一步提高调度成果的稳健性和可靠性[124, 125]。

3. 中长期调度多目标优化

　　水库的多用途属性（如供水、发电、灌溉）决定了水库优化调度的本质是一个多目标优化问题。采用传统单目标规划方法得到的调度方案通常无法保证在其他目标上的较优性，尤其是当不同目标不协调甚至是相互矛盾时。因此，基于多目标优化的水库调度是实现水库综合利用效益最大化的一种行之有效的手段。现有多目标优化问题求解主要有两种思路：一种是采用约束法（又称 ε 约束法）或权重法将多目标问题转化为单目标进行求解；另一种是直接采取多

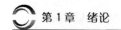

目标进化算法（multi-objective evolutionary algorithms，MOEA）进行求解，从而获得非劣解集（Pareto set）[126]。

采用约束法处理多目标优化问题时，通常需要选择一个主要优化目标，而将其他目标松弛为约束条件。陈洋波等[127]构建了供水量最大和发电量最大的多目标优化调度模型。在模型求解时，通过松弛供水量最大目标将多目标问题转换成多个单目标问题进行求解。约束法的主要缺点在于，将优化目标松弛为约束条件时，需要引入新的参数。为了得到多组非劣解，需要设定多组参数进行优化计算。当优化目标的个数大于 2 时，约束法将存在较大的计算负担。并且，采用约束法得到 Pareto 解集通常不均匀[128]。

采用权重法处理多目标问题时，首先需要根据目标的相对重要程度进行赋权，然后将多个目标进行加权组合形成一个单一的目标，最后采用单目标规划算法进行求解。杨扬等[129]采用多层次权重确定方法来确定城市、农业、生态缺水率的权重，构建了综合缺水率最小的优化调度模型。权重法原理比较简单，应用相对广泛。其缺点是：权重系数一般没有实际的物理意义，并且难以合理确定；当多目标优化问题的搜索空间非凸或者不连续时，采用权重法通常不能得到所有的 Pareto 解[130]。

为了克服传统多目标处理方法的不足，采用 MOEA 处理水库调度问题越来越受到研究者们的青睐。MOEA 可对多个目标放在同一基准上进行优化，从而生成一系列非劣方案集，为决策者提供多种参考。其中，最经典的MOEA 为 NSGA-Ⅱ[131]。刘攀等[132]针对汛限水位分期优化设计问题，建立了防洪库容最大、防洪风险率最小、发电效益最大、航运效益最大多目标优化模型，采用改进 NSGA-Ⅱ进行求解。研究表明，分期汛限水位优化设计能权衡防洪与兴利之间的关系，在满足防洪要求的前提下，显著提高水库兴利效益。Zhang 等[133]采用多目标分析方法探索了供水规划与管理中可靠性、脆弱性、可恢复性之间的相互制约关系。如何有效地获取 Pareto 解集以及基于 Pareto解集的多属性决策是该方向的核心和难点[134]。

1.2.3　多能互补规划设计

多能互补规划设计的主要思路是：首先，基于水文气象数据驱动能源模型以评估可再生能源的发电潜力；其次，考虑不同类型或者不同区域的能源聚合对系统产生的影响；最后，采用技术经济分析方法确定互补系统的类型以及相关的设计参数。研究的对象既涉及区域尺度的大型并网系统又涉及点尺度的小型离网、并网系统。研究内容大致可分为 3 大类，即资源时空互补性规律分析、多能互补发电影响评估、多能互补系统组件优化设计。

1. 资源时空互补性规律分析

互补性分为时间互补性和空间互补性两种[135]。时间互补性指一种及以上的能源随时间变化时呈现出的此消彼长现象。空间互补性指一种及以上的能源随空间变化时呈现出的此起彼落现象。互补规律分析通常基于水文气象数据（如降水、径流、太阳辐射、气温、风速、空气密度）展开，然后采用相应的能源模型估算发电潜力，最后统计互补性指标。常见的统计指标如皮尔逊线性相关系数[61, 136-140]、斯皮尔曼相关系数[141]、交叉相关分析[142]、相干分析[137]等已被广泛应用于资源的互补性分析当中。资源的互补性分析可为地区的能源发展规划和能源投资提供参考依据，同时也是多能互补发电可行性研究中的一个必要环节。

Beluco 等[135]首先定义了度量能源时间互补性的无量纲指标，据此评价了巴西 Rio Grande do Sul 州水能和太阳能资源的互补性，最后绘制出了该区域的互补性地图。但研究中所提出的互补性指标只适用于评价两种能源的互补性，对于三种及以上能源的互补性评价无能为力。de Jong 等[143]发现巴西东北部地区风光资源与负荷曲线具有较强的相关性，利用风能和太阳发电均可缓解上午和下午高峰负荷压力，而风能也可在晚间缓解高峰负荷压力。另一个有趣的发现是，该地区在旱季少雨的季节，风能和太阳能资源十分丰富。利用这种互补特性投资风、光发电，不仅经济可行，而且有助于促使电力供应的多样化，从而有效缓解干旱的影响。Bett 和 Thornton[136]利用再分析数据研究了英国日尺度风速和辐射强度的共变性。结果显示，辐照强度与风速呈弱反相关关系，这意味着风光资源间的互补性较弱。因此，实施风光互补发电并不能达到均衡的能源供应。

除了探索同一地区不同资源的时间互补性外，空间互补性也是众多学者研究的焦点。Hoicka 和 Rowlands[144]探索了加拿大安大略省风光资源的互补性。研究发现，相比单独的风、光发电系统，同一地区或者不同地区的风光电厂聚合可降低发电的波动性，并且多个电厂聚合产生的"平滑"效果更好。Liu 等[145]基于小时尺度的风速和太阳辐射数据，探讨了国内不同地区风光资源的时空互补效应。其结论是，风光聚合会导致系统极值出力小时数下降，意味着风光聚合出力的"平滑性"更好；当电厂的分散程度足够大时，仅将风电厂聚合和将风光电厂聚合效果接近，但其"平滑性"远比仅聚合光伏电厂要好。姬生才等[146]采用绝对关联度法分析了青海省风光出力的互补性，发现不同光伏电厂间的互补性较小，风电厂间的互补性强于光伏电厂间的互补性，且不同地区风、光电之间的互补性强于同一地区。

由于互补性规律通常与研究数据的时间尺度、序列长度以及所采用的能源模型参数、假定有关，其结果存在不确定性而难以准确量化。因此，部分学者尝试基于数据的直观判断来分析不同能源的时空互补性规律。韩柳等[147]从概率分布特性的角度对西北电网的实际运行数据进行了分析。研究发现：光伏出力与时间的相关性强，风电出力与时间的相关性弱，风电和水电的互补性不明显，但水电与光伏的互补性明显。张撼难[148]对金沙江下游干热河谷地区的风电场、光伏电厂和水电站的互补特性作了分析，发现新能源和水电出力在月尺度上存在互补关系，新能源多发时段正好处于枯水期。

以上研究表明，将随机性的可再生能源进行聚合可以得到更加稳定的发电过程，但互补性规律分析通常只呈现为定性的描述，且其分析结果依赖于能源系统的实际构成。因此，考虑电力系统的负荷特性以及能源结构，对多能互补系统的影响作出准确的评估越来越成为一个重要的研究方向。

2. 多能互补发电影响评估

多能互补发电影响评估本质上属于互补性分析的延伸，由于考虑了更加复杂的能源结构以及外部输入，研究成果在规划设计和运行管理方面更具有参考价值。大量研究表明：当不同能源或者不同区域电厂间存在互补性时，将二者进行聚合形成互补发电系统，可以更好地预测系统发电产量，降低系统总的发电成本，提高发电可靠性[61,138,144,149]。多种技术经济指标（如供电可靠性、缺电风险率、弃光率）被用来评估多能互补的影响。

针对区域型大电网系统，Denault 等[150]对魁北克地区一组虚拟风电场的风能变化特性作了长期统计分析，并探索了不同情景下风光聚合发电对能源资产投资风险的影响。结果显示：当风电比例高于 30% 时，缺电的风险将极大程度地降低。Beluco 等[149]探索了互补性指标与系统性能的关联性。结果显示，当互补性指标较大时，互补发电系统对消费者供电的可靠性相应也越大。田旭等[151]提出了水电与光伏的互补特性分析方法，建立了基于弃光率以及火电机组负荷率的水光互补评价指标。研究指出，光伏弃电的原因主要在于汛期水电满发，此时对光电几乎无调节能力。Francois 等[138]分析了意大利北部不同时间尺度下（小时、日、月）水电与光电的互补性。结果表明：在小时尺度上，增加电网中水电的比例可以更好地平衡负荷；但是在更大的时间尺度上（日和月），应当增加光伏发电的比例才能达到类似的效果。可见，互补性影响评估还与时间尺度有关。同年，Francois 等[139]还分析了加入径流式水电站对欧洲风光耦合电力系统的影响。结果表明，在不同地区实行风光水互补发电效果不同，但对于所有区域，实施风光水多能互补发电可以使得电力系统中可再生能源的比例增加 1%～8%。Jurasz 等[61]采用相关系数表征风光出力的互补性，分析了波兰地区小型水电和光电在不同时间尺度上的互补性对供能可靠性的影响。结果显示，互补性与系统供能可靠性间存在非线性关系。研究还指出，利用互补性指标可用于确定风光系统的装机规模。

由于大型并网系统内部结构复杂、互补运行涉及的不确定性因素众多，其经济性能通常难以准确量化。因此，多数研究者选择规避对其经济性能的研究，而重点对系统的技术性能做评估。对于经济性能的评估通常出现在小型离网系统中。Nfah 和 Ngundam[152]对喀麦隆偏远村庄采用微型水电、光伏发电、沼气发电混合系统的可行性作了分析，并建议在该国能源行动计划中对基于沼气发电的可再生能源系统进行投资，以便向贫困地区提供电能。Bekele 等[23]对埃塞俄比亚偏远农村地区实行小型水电、风电和光电联合发电的可行性作了分析，并采用 HOMER（hybrid optimization model for electric renewable）软件优化得到较低供电成本的互补系统类型以及组件尺寸，论证了在该地区实行风光水互补发电的可行性和优越性。Ma 等[153]对中国香港地区某偏远岛屿上耦合抽水蓄能电站的风光互补系统的技术可行性作了分析。结果表明，通过引入抽水蓄能电站可以很好地补偿新能源发电的间歇性，系统供电稳定且对环境友好。作者还指出，从技术角度来看，基于抽水蓄能的可再生能源系统是实现偏远地区 100％能源自治的理想解决方案。

对于水力资源富集地区，利用已建成的水电站协调风、光发电以构建流域风光水互补系统越来越成为一种新的趋势。针对目前全球最大的龙羊峡水光互补电站，国内学者也作了诸多有益的探索。沈有国等[154]指出光伏电站须预留与互补运行控制系统、电力系统的信息通道，以确保光伏电站既可以以独立电源的形式又可以以组合电源的形式接受电力系统调度。龚传利[155]认为光伏电站无调节能力，水光互补自动发电控制（automatic generation control，AGC）的本质是通过调节水电机组来提高光电并网质量。刘娟楠等[156]分析了水光互补对龙羊峡水电站水量、电量及电网运行方式的影响。结果表明，实施互补调度后水电站出库流量和备用容量均减小，日负荷率将提高。

3. 多能互补系统组件优化设计

多能互补系统优化设计的核心内容是：根据风光水资源的可用性以及用电负荷特征，优化确定互补系统中电站的位置、装机规模及相关设计参数，使得互补系统在尽可能小的投资下获得更大的运行效益。技术经济分析（techno-economic analyses）是多能互补系统优化设计的基本分析框架。从研究对象来看，主要包括小型互补系统以及大规模互补系统；从优化模型考虑的因素来看，主要包括供电可靠性、运行成本、运行效益、生态环境等方面；从优化技术来看，主要包括枚举法、线性规划、智能算法以及 HOMER 计算软件等。目前，大部分规划设计研究成果主要集中在小型多能互补系统方面，而对于大规模多能互补系统的研究较少。

针对小型、离网多能互补系统，Chedid[22]采用线性规划方法对风光互补系统进行优化设计，并且在系统设计和运行阶段将环境因素纳入考虑，使得混合系统在相对可靠的供电方式的前提下单位发电成本最低。Ashok[24]在探讨不同混合能源系统组件特性的基础上，提出了一个通用模型用于确定偏远地区混合能源系统组件的最优组合，使互补系统在运行期内的成本最小。徐林等[157]针对风/光/蓄互补发电系统容量配置问题，在传统容量配置方法的基础上，考虑蓄电池的充放电电流、充放电次数、充放电速率和系统备用容量等约束条件，同时考虑互补发电系统向电网馈入功率对大电网的影响，提出一种改进的容量优化配置方法。该容量配置模型中考虑的因素包括系统供电可靠性、风光互补特性、入网功率波动、系统成本4个方面。丁明等[158]建立了独立风/光/柴/储微网系统中各电源的发电模型，以及含投资成本和不同费用的经济性模型。将不同电源的个数作为优化变量，以总成本费用最小为优化目标，利用遗传算法求解得到各个电源的最优容量组合。Belmili等[159]在技术经济分析的基础上，采用面向对象的程序设计方法，提出了独立光伏/风电混合系统的规模确定计算软件。该软件基于光伏发电模型、风力发电模型、存储容量模型、供电概率计算模型来构建，可使得混合能源系统在保证供能可靠性的前提条件下投资成本最低。郭力等[160]针对风/光/柴/蓄电池独立微网系统中的容量配置问题，提出了微网全生命周期规划的多目标优化设计模型。目标函数为总成本现值最大、负荷容量缺失率最小和污染物排放最小，优化变量为设备类型和装机容量。在系统的运行策略中，考虑了机组开停机方式、储能电池与柴油发电机之间协调控制及系统备用容量等问题。Kaabeche等[161]考虑电力缺额、净现值、供电成本3方面因素，采用迭代方法确定耦合光伏/风能/柴油/电池的独立混合能源系统的组件大小。张建华等[162]根据海岛用水需求及海水淡化系统的特点，综合考虑系统运行的经济性及环境效益，提出了协调海水淡化负荷、蓄电池及柴油发电机运行的功率分配策略。在此基础上，提出了含风/光/柴/蓄以微电网多目标容量优化配置模型，优化目标为系统投资运行成本最低和可再生能源利用率最高，最优容量组合通过自适应多目标差分进化算法获取。王晶等[163]针对风/光/储独立微网容量配置问题，基于风力发电、光伏发电以及蓄电池模型，建立包含设备投资费用、运行维护费用、蓄电池重置费用以及系统可靠性和能量过剩率指标的优化配置模型，最后采用改进粒子群优化算法进行优化。结果表明，经优化配置后的微网在保证系统供电可靠性的同时节省了经济成本。Kalinci等[164]以土耳其博兹卡达岛为例，结合氢储能技术，建立了耦合风电/光电的混合可再生能源系统概念模型，并从技术经济的角度对该系统进行了研究。根据海岛的地理及气象资料，采用净现值成本，同时考虑混合系统的适用性，利用HOMER确定互补系统的最优装机规模。研究发现，风电/光伏/氢储系统比风电/氢储系统的净现值成本低，同时对氢储容量需求更低。Khan等[165]基于发电侧能源审计、季节性可再生能源利用率与负荷曲线的评估以及技术经济分析,利用 HOMER 软件研究了海岛混合可再生能源系统的多种优化组合。分析结果包括系统配置、系统成本、节省的燃料和减少 CO_2 的排放。Baneshi 和 Hadianfard[166] 研究了伊朗南部非居民用电大户所采用柴油/光伏/风电/电池混合发电系统的技术经济参数。分别针对独立和并网系统,使用 HOMER 软件对系统的运行进行建模,并在比较技术、经济和环境分析的基础上对系统组件进行合理配置。Chauhan 和 Saini[167] 为了满足印度 Uttarakhand 州北部地区的电能需求,对太阳能/微型水电/生物质能/风电的独立式混合可再生能源系统作了技术经济分析,并在系统运行过程中采用基于负荷转移的需求侧管理策略。最后,还进行了灵敏度分析,以评估不同参数对所考虑系统的影响。Hosseinalizadeh 等[168] 采用 HOMER 软件对包含风电、光电、燃料电池以及储能电池的离网混合能源系统做了技术经济分析,研究了不同组件尺寸下混合能源系统的性能。结果显示,包含风电、光电以及备用电池的混合能源系统成本较低。Kougias 等[169] 发展了一种研究小型水电站和邻近太阳能光伏系统之间时间互补程度的方法。该方法结合水文信息和太阳辐射信息,检查了光伏系统安装(方位角、倾斜度)上可能出现的变化对水光互补性以及太阳能总发电量的影响。实例研究表明,采用该方法可在损失光伏发电量 10% 的情况下使得水光互补性增加 66.4%。Kaur 等[170] 采用技术经济分析法对基于风、光电的直流微电网的容量配比做了研究。采用 NSGA-Ⅱ 进行优化,以实现成本与可靠性之间的协调,并从供电不足概率、弃电量、单位发电成本方面研究不同装机方案的技术经济可行性。

针对大规模多能互补系统,张舒捷等[171] 以水光互补电站经济效益最大为目标,考虑电网潮流"$N-1$"等约束条件,提出一种基于遗传算法的水光互补电站光伏电站容量优化模型。Fang 等[172] 提出了满足不同负荷需求的水光互补日运行方式,在此基础上提出采用成本效益分析方法确定水光互补电站中光伏电站的装机规模。以世界上最大的水光互补电站——龙羊峡水光互补电站为实例进行了研究,指出光伏电站的装机规模与水电站装机以及光伏弃电率有关。Long 等[173] 基于多目标优化模型优化了一个大规模风光耦合电厂中光伏阵列以及风机的装机容量。模型中考虑了发电成本最小、供能可靠性最大、能源平均供应比例最大 3 个目标,并采用土地预算作为约束。探索了不同负荷特性、风/光资源的可用性及对系统供能不足的惩罚对 3 个目标的影响。结果表明,风力发电对于整个系统供能可靠性的贡献率大于光伏发电。

1.3 现存问题及发展趋势

基于文献调研发现,现有研究主要针对小型、离网多能互补系统或者流域水电站群系统，而对于大型多能互补系统的研究较少，尤其是对于多时间尺度下运行管理的整体性研究不够充分。相比于小型、离网互补系统，大型多能互补系统的运行管理不仅需考虑电力系统调峰约束，而且更加强调了流域水资源系统综合利用约束，水资源高效利用和新能源消纳之间的矛盾更突出，主要体现在：

（1）在短期运行管理中，"能-能"系统的弃电（弃光和弃水）诱发机制认识不清。由于光电在短时间尺度上具有强随机性，使得基于预测的短期调度不确定性更强，同时发电还受控于电力系统、水资源系统以及机组运行条件等多个因素，导致发电出力与负荷不匹配而弃电。因此，识别弃电的诱发因子以及发生条件，并且对其进行精细模拟，是实现短期协同优化运行的基础。

（2）在中长期运行管理中，"能-水"系统的相互补偿机理不明。传统的流域水资源综合管理一般基于旬、月等中长期尺度。水库在各种补偿理论（如水文补偿、库容补偿、电力补偿）的指导下实现安全、高效、经济运行。但随着新能源的接入，传统的水库群补偿理论的适用性将受到挑战。因此，进一步认识能源和水资源的相互补偿机理，并在调度过程中协调流域水资源综合管理以及新能源发电，是提升流域水光互补系统协同性的关键所在。

（3）在全生命周期运行管理中，规划设计与运行管理的整体调控不全。传统的水库设计与运行管理通常是分离的，这可能导致水库设计参数与调度规则之间不相匹配，导致投资成本过高或者水库的性能并未发挥到最大。随着多能互补调度的实施，新能源装机这一物理参数的改变将会直接影响互补电站的运行效益。同时，互补运行效益也是新能源装机规划时一个重要的考量依据。由于规划设计与运行管理之间的高度耦合性，孤立地研究某个部分并不能从整体上保证系统的协同性全局最优。因此，基于一体化设计理念、整体优化光伏电站的装机容量与互补电站的调度规则，可在规划设计阶段提高流域水光互补系统协同性。

1.4　工程背景

本书以全球最大的单体多能互补电站——龙羊峡水光互补电站为研究对象，开展水光互补系统全生命周期协同运行研究。龙羊峡水光互补工程基本构成单元如图 1.2 所示。

龙羊峡水光互补工程坐落于青海省境内、黄河上游河段。青海省属于高原大陆性气候，平均海拔 3000m 以上，水力资源与太阳能资源丰富。根据 2003 年全国水力资源复查成果，理论蕴藏量在 10MW 以上的河流共计 108 条，总理论蕴藏量为 21874MW。由于青海地处中纬度地带，太阳辐射强度大，光照

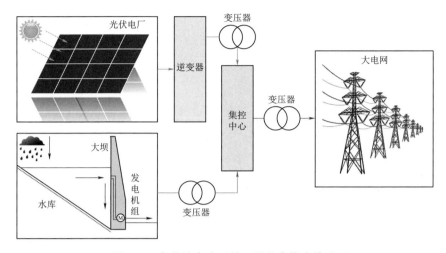

图 1.2　龙羊峡水光互补工程基本构成单元

时间长，年总辐射量可达 5800～7400MJ/m²，其中直接辐射量占总辐射量的 60％以上。

龙羊峡水库是黄河干流上的"龙头"水库，控制流域面积 13.4 万 km²，总库容为 247 亿 m³，具备多年调节能力。水库以发电为主，兼顾防洪、灌溉、防凌、养殖、旅游等综合利用任务，目前采用"以水定电，以电调水"的调度方式。水电站安装 4 台水轮发电机组，单机容量 320MW，总装机容量为 1280MW，年利用小时数为 4642h。

光伏电站位于青海省海南州共和县恰不恰镇西南的塔拉滩上，位于龙羊峡水库的左岸，距离龙羊峡水电站约 50km，占地总面积为 20.4km²，总装机容量为 850MW，年利用小时数 1508h，属于大规模集中式并网电站。一期工程 320MW 于 2013 年 12 月完工，二期工程 530MW 于 2015 年完工。据统计，与龙羊峡水电站打捆运行的 850MW 光伏电站一年可发电 14.94 亿 kW·h，相当于每年节约火电标煤 49.3 万 t，具有良好的社会、生态、环境效益。但光伏发电易受太阳辐射、温度等多种因素的影响，具有明显的间歇性、波动性、随机性、不可改变和不可储存等特点，需要系统其他能源对其补偿以满足电力系统的用电需求。几种典型日光伏出力过程如图 1.3 所示。

为了更好地促进光电并网，目前采用水光互补打捆上网的运行方式。具体是，将光伏电站产生的电能通过 330kV 线路接入龙羊峡水电站。当光伏出力变化时，及时调节水电机组出力，使得二者出力之和等于系统所下达的负荷，同时利用龙羊峡水电站的 5 回 330kV 出线将组合电源产生的电能送入电力系统，如图 1.4 所示。其中，光电对水电的补偿则体现在中长期。当枯水期水库

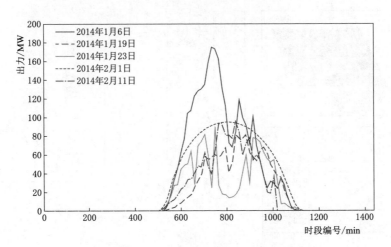

图 1.3　200 MW 典型日光伏出力过程

来水不足时,水电机组让出部分负荷由光伏电站承担,让出的部分负荷将以水能的形式存储在水库之中,用于枯水期径流或电力补偿。因此,"互补性"可总结为:水电以出力补偿光电,光电以电量补偿水电。互补电站的主要技术参数见表1.1。

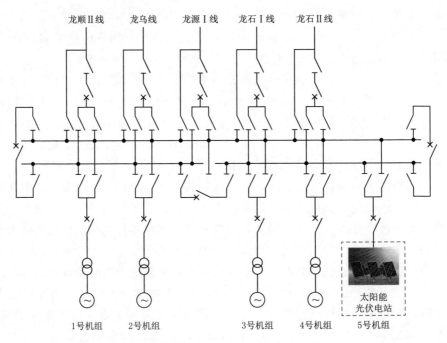

图 1.4　龙羊峡水光互补工程电气主接线

表 1.1	龙羊峡水光互补工程技术参数		
类　别	参数名称	数值	单位
水电站水库	正常蓄水位	2600	m
	防洪限制水位	2594	m
	调节库容	193	亿 m^3
	单机最小过流量	50	m^3/s
	单机最大过流量	292	m^3/s
	最小工作水头	76	m
	最大工作水头	129	m
	装机容量	1280	MW
	多年平均发电量	5940	GW·h
光伏电站	装机容量	850	MW
	年发电量	1494	GW·h
	占地面积	20.4	km^2
	总投资成本	60	亿元
	运行期	25	年

1.5　本书思路

多能互补协同运行是当前国际能源领域的热点和前沿问题。本书以目前世界上装机规模最大的单体多能互补电站——龙羊峡水光互补工程为研究对象，按照"局部-整体"的逻辑顺序，开展水光互补系统的全生命周期协同运行（life-cycle coordination）研究。本书的目的在于进一步揭示水电和光电的相互补偿机理，提出适用于水光互补协同运行的"实时-短期-中长期-全生命周期"成套技术。通过综合水文水资源学、运筹学、经济学、电力系统等多个学科知识，本书重点考虑光电的随机性特征给传统水电调度模式带来的改变，以及互补电站规划设计与运行管理中各部分的耦合特性，依次研究互补系统的实时调度、短期调度、中长期调度以及光伏装机容量规划，从而实现不同时间尺度的协同控制。本书整体研究框架见图1.5。

各章节的核心要点如下：

第1章——绪论。首先，介绍本书的研究背景及意义，阐述多能互补所面临的核心问题；然后，系统梳理多能互补实时与短期调度、多能互补中长期调度、多能互补规划设计3方面的研究成果以及目前所面临的核心问题；最后，

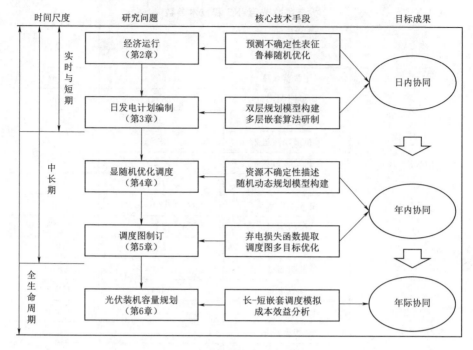

图 1.5　总体研究框架

介绍本书的工程背景，并引出研究思路。

第 2 章——光电预测不确定性条件下的水光互补电站经济运行研究。首先，采用多场景及发生概率表征光电出力的不确定性；其次，结合鲁棒随机优化理论，建立互补调度机组组合鲁棒优化数学模型，提出集合智能算法和动态规划的双层嵌套优化框架。最后，通过算例验证所提出模型与方法的有效性。

第 3 章——耦合经济运行模块的水光互补电站日前发电计划编制研究。首先，在经济运行的基础上，建立发电计划编制双层规划数学模型；其次，提出集合启发式算法、智能算法、以及动态规划的三层嵌套优化框架；最后，通过对负荷特性约束的松弛，推求发电计划的多重临近最优解以及柔性决策空间。

第 4 章——基于显随机优化的水光互补电站中长期优化调度研究。首先，对光电出力与入库径流的概率分布特性进行定量描述；在此基础上，构建水光互补随机动态规划优化模型；最后，设置多种调度方案以论证实施互补调度的必要性以及在调度模型中考虑径流、光电出力相关性的必要性。

第 5 章——考虑短期调度特征的水光互补电站中长期优化调度研究。首先，在考虑水光互补电站运行特征的基础上，构建弃电损失短期随机模拟模型，推求互补调度弃电损失函数。然后，建立耦合弃电损失函数的中长期调度图多目标优化模型；最后，基于"参数-模拟-优化"框架识别适用于水光互补中长期调度的调度图最佳型式及参数。

第 6 章——光伏装机与互补调度规则同步解决方案研究。首先，采用长-短嵌套调度模型对水光互补运行过程进行模拟；其次，基于成本效益分析框架，建立光伏装机规划模型，基于互补电站全生命周期的运行效益以及对水资源系统的影响确定光伏最优装机容量；最后，基于互补调度样本，采用隐随机调度框架推导水光互补调度函数。

第 7 章——结语。总结本书的主要研究成果和相关结论，并指出研究中存在的不足之处以及给出可继续完善的思路。

第2章

光电预测不确定性条件下的
水光互补电站经济运行研究

发电计划编制（generation scheduling）和经济运行（economic dispatch）是水电站短期调度的两个基本课题[174]。二者分别根据各自的目标任务以及边界条件制订相应的调度方案，包括机组的开/停机次序、机组间负荷分配策略等。不同之处在于，发电计划编制解决的是"以水定电"问题，而经济运行解决的是"以电定水"问题。在传统水电短期调度的基础上，图 2.1 绘制了计划发电调度模式下水光互补短期调度的基本流程，包括如下 5 个步骤：

（1）水电站水库结合中长期水量调度计划以及当前的水量计划执行情况，拟定次日用水量，上报给集控中心。

（2）光伏电站预测次日光电出力过程，上报给集控中心。

（3）集控中心考虑大电网调峰需求、日计划用水量、预测的光电出力过程，制订互补电站日前发电计划，并上报给电网调度员（发电计划编制）。

（4）电网调度员从整个电网安全经济运行的角度出发，修改互补电站所上报的发电计划，并下达给互补电站供次日执行。

（5）互补电站次日严格执行电网所下达的发电计划，根据光电实际出力实时调整水电机组出力，使得二者之和等于电网所下达的负荷值（经济运行）。

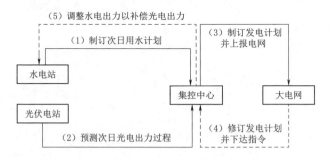

图 2.1　水光互补短期调度基本流程

本章对水光互补经济运行问题展开研究，将该过程称为"以电定机"。在水光互补实时运行过程中，水电机组通过调节自身出力来适应光伏出力的变化，使得二者组合出力满足系统负荷要求。由于光电在短时间尺度上难以准确预测，光电预测的不确定性将直接传递为水电调度决策的不确定性。那么，如何在不确定条件下对互补经济运行过程进行建模？并且如何对经济运行模型进行高效求解？虽然各种先进的求解技术（如等微增率法、动态规划法、智能算法、MILP 法）被广泛用于经济运行问题中[175-181]，但由于水电短期调度的高维度、强约束、非线性等特点，至今还难以找到具有普适性的最优求解方法[182]。尤其是在不确定性条件下，计算复杂度将成倍增加。寻求能够平衡计算精度和计算效率的高效调度算法依然是水电短期调度领域的热点问题之一。针对以上两个问题，本章将鲁棒优化（robust optimization，RO）引入经济运行调度模型中，并针对问题特点研制了耦合智能算法和动态规划的双层嵌套优化算法（two-layer nested optimization approach）。研究的技术路线如图 2.2 所示。

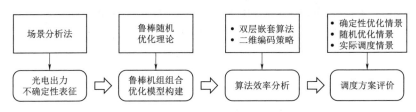

图 2.2 水光互补经济运行研究技术路线图

（1）采用场景分析方法对光电出力的不确定性进行建模，获取代表性的光伏发电过程以及对应的发生概率。

（2）结合鲁棒随机优化理论，建立互补电站鲁棒机组组合模型（robust unit commitment model）。

（3）根据水光互补优化问题的特点，构建耦合智能算法和动态规划的双层嵌套优化算法，同时还提出处理连续开/停机约束的二维编码策略。通过算例验证所提出算法的有效性。

（4）设置了 3 种优化情景（确定性优化情景、随机优化情景以及实际调度情景），通过方案比较定量表征光电预测精度与调度效益之间的关系。

2.1 光电出力不确定性描述方法

不确定的光电出力可采用多场景及对应的发生概率来描述。由于实际调度决策通常是基于预测来制订的，光电出力可用下式进行表征：

$$PU = PF + e \tag{2.1}$$

式中：PF 为光电预测出力值；PU 为光电实际出力值；e 为光电预测误差。

本书假定预测误差 e 服从无偏、正态分布，表示为

$$e \sim N(u, \sigma^2) \tag{2.2}$$

式中：u 为预测误差系列的均值；σ 为预测误差的标准差。根据日前光伏出力预测成果[31, 183]，假定 $u=0$，$\sigma=0.1P_{size}$，其中，P_{size} 为光伏电站装机容量。

利用离散概率分布表征连续概率分布可生成多种光伏出力场景以及对应的发生概率。为降低后续随机规划的计算负担，本书仅考虑 3 种误差场景，对应预测偏大 e_1、预测合理 e_2、预测偏小 e_3。考虑到预测误差落在区间（$u-3\sigma$，$u+3\sigma$）的概率为 99.73%，因此对该区间进行三等分，如图 2.3 所示。

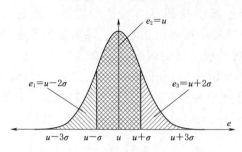

图 2.3　基于离散概率分布表征连续光电预测误差示意图

通过对每个离散区间中的概率密度函数进行积分便可以计算出相应的发生概率[41]，计算式如下：

$$\begin{cases} \rho_1 = \int_{u-3\sigma}^{u-\sigma} f(e)\mathrm{d}e \\[2mm] \rho_2 = \int_{u-\sigma}^{u+\sigma} f(e)\mathrm{d}e \\[2mm] \rho_3 = \int_{u+\sigma}^{u+3\sigma} f(e)\mathrm{d}e \end{cases} \tag{2.3}$$

式中：$f(e)$ 为光电预测误差的概率密度函数；ρ_1、ρ_2、ρ_3 分别为预测偏大、预测合理、预测偏小所应对应概率。

2.2　机组组合鲁棒优化模型

2.2.1　鲁棒优化理论

鲁棒性（robustness）指的是系统在外界干扰条件下，依然维持某些性能的能力。鲁棒优化（robust optimization，RO）是指在不确定性条件下寻求具有鲁棒解的一种优化理论。RO 最早可追溯到 19 世纪 50 年代现代决策理论的建立，源于处理强不确定性问题的 Wald 最大最小模型和最坏情景分析。1973年，Soyster 率先提出线性规划鲁棒优化方法[184]。经过几十年的发展，RO 已被广泛应用于控制理论、电力系统、经济管理、工程技术等各大领域，现已经形成较为完整的理论体系[185-187]。下面，结合一个简单的线性规划问题对 RO 进行说明。考虑如下线性规划模型：

$$\max_{x,y}\{a_1x+a_2y\}$$

$$\text{s. t}\begin{cases}c_1x+c_2y\leqslant d\\x,y\geqslant 0\\\forall(c_1,c_2)\in\pi\end{cases}\qquad(2.4)$$

式中：x、y 分别为决策变量；a_1、a_2 分别为已知参数；c_1、c_2 均为不确定的参数；d 为常数；π 为一个给定集合 $\Re^2$ 的子集。

对于该 RO 问题，存在如下特性：对于一对可接受的决策变量 $(x，y)$，约束条件 $c_1x+c_2y\leqslant d$ 即使在最劣的参数集 $(c_1，c_2)\in\pi$ 条件下都能够满足。换言之，对于给定的决策变量 $(x，y)$，不确定的参数集 $(c_1，c_2)\in\pi$ 能够使得 c_1x+c_2y 达到最大。

相比于其他不确定性优化方法，RO 更适合用于如下情况[188]：①不确定性参数需要估计，但是估计存在风险；②优化模型中不确定性参数的任何实现都须满足约束条件；③目标函数或者解对于模型参数扰动非常敏感；④决策者不能承担小概率事件发生后所导致的巨大风险。

2.2.2 目标函数

将 RO 应用于水光互补经济运行问题中，其中光电出力因难以准确预测视为不确定性参数集，在建模过程中采用多场景以及发生概率予以表征。考虑到短期径流预测精度较高[189, 190]，且对大型水电站发电水头影响较小，因此忽略径流预测不确定性的影响。水光互补经济运行问题可描述为：给定光伏出力预测、入库径流预测及系统所下达的负荷，确定水电机组的开/停机状态以及机组间负荷分配，使得水电站在多种光电场景下耗水量最小。根据问题描述，建立了机组组合鲁棒优化模型，目标函数为

$$\min F=\sum_{m=1}^{M}\rho_m(\sum_{n=1}^{N}\sum_{t=1}^{T}u_{n,t}r_{m,n,t})\Delta t\qquad(2.5)$$

式中：F 为水电站在调度期内耗水量；N 为水电机组的总台数；T 为调度时段数；M 为光伏发电场场景数，为简化计算，本章 M 取 3；m、n、t 分别为光电场景、机组及调度时段编号；ρ_m 为第 m 种光电场景的发生概率；$u_{n,t}$ 为机组的开/停机状态，为 0-1 变量（1 代表机组开，0 代表机组关）；$r_{m,n,t}$ 为第 m 种光电场景下第 n 台水电机组在第 t 时段的耗流量；Δt 为调度时段长。

2.2.3 约束条件

优化模型考虑的约束条件主要涉及水电机组、水库特性等物理性约束，以及其他调度约束，具体包含如下 11 类约束。

1. 机组动力特性约束

机组动力特性约束表征水电机组的运行效率曲线，即 $N-H-Q$（出力-水

头-发电流量）曲线。如图 2.4 所示，在不同水头下，机组的运行效率不同；在相同水头下，运行效率与机组承担的负荷有关。

$$r_{m,n,t} = f_{\text{prh}}(p^{\text{h}}_{m,n,t}, h_{m,t}) \tag{2.6}$$

式中：$f_{\text{prh}}(\cdot)$ 为机组发电流量、出力及水头三者之间的函数关系；$p^{\text{h}}_{m,n,t}$ 为水电机组出力；$h_{m,t}$ 为机组发电净水头。

计算时，根据机组出力、净水头及 N-H-Q 曲线，可直接插值求出过机流量。

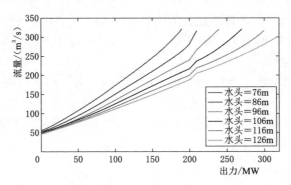

图 2.4　机组动力特性 N-H-Q 曲线

2. 水头约束

水头约束表征发电水头的计算过程。

$$h_{m,t} = z^{\text{up}}_{m,t} - z^{\text{down}}_{m,t} - h^{\text{loss}}_{m,t} \quad \forall m,t \tag{2.7}$$

式中：$z^{\text{up}}_{m,t}$、$z^{\text{down}}_{m,t}$、$h^{\text{loss}}_{m,t}$ 分别为水库坝前水位、尾水位及水头损失。

3. 水电机组出力约束

水电机组出力约束表征机组出力范围。为满足下游综合用水要求，机组出力不能低于某一最小值。同时，机组出力不能超过预想出力限制。预想出力通常与水头有关。

$$p^-_n \leqslant p^{\text{h}}_{m,n,t} \leqslant p^+_n(h_{m,t}) \quad \forall m,n,t \tag{2.8}$$

式中：p^-_n 为机组出力下限；$p^+_n(h_{m,t})$ 为水头 $h_{m,t}$ 时的预想出力。

4. 水库特性约束

水库特性约束表征水位-库容曲线、下泄流量-尾水位曲线。

$$\begin{cases} z^{\text{up}}_{m,t} = f_{\text{vz}}\left(\dfrac{V_{m,t} + V_{m,t+1}}{2}\right) & \forall m,t \\[4mm] z^{\text{down}}_{m,t} = f_{\text{qz}}\left(\displaystyle\sum_{n=1}^{N} u_{n,t} r_{m,n,t} + WP_{m,t}\right) & \forall m,n,t \end{cases} \tag{2.9}$$

式中：$f_{vz}(\cdot)$ 为坝前水位与库容之间的关系；$f_{qz}(\cdot)$ 为下泄流量与尾水位间的关系；$V_{m,t}$、$V_{m,t+1}$ 分别为第 t 时段初、末库容；$WP_{m,t}$ 为扣除发电引用流量后的出库流量。

5. 水量平衡约束

水量平衡约束表征水流的连续性特征。水库库容变化量等于入库水量与出库水量的差值。

$$V_{m,t+1}=V_{m,t}+(I_t-\sum_{n=1}^{N}u_{n,t}r_{m,n,t}-WP_{m,t})\Delta t \qquad (2.10)$$

式中：I_t 为时段平均入库流量。

6. 库容约束

库容约束表征库容的变化范围。各时刻的库容必须在一定的允许范围之内。

$$V^-\leqslant V_{m,t}\leqslant V^+ \qquad \forall m,t \qquad (2.11)$$

式中：V^-、V^+ 分别为库容的下限和上限。

7. 负荷平衡约束

负荷平衡约束表征发电出力与负荷相匹配的特性。水电站出力与光伏电站出力之和等于系统下达的负荷要求。

$$\sum_{n=1}^{N}u_{n,t}p_{m,n,t}^{h}+PU_{m,t}=LD_t \qquad \forall m,n,t \qquad (2.12)$$

式中：$PU_{m,t}$ 为光电实际出力值；LD_t 为系统所下达的负荷要求。

8. 旋转备用约束

旋转备用约束表征在线机组出力的允许变化范围。在线的水电机组预留一定的工作容量以应对电力系统负荷要求的突然改变。

$$\sum_{n=1}^{N}(u_{n,t}p_n^+-p_{m,n,t}^{h})\geqslant LR_t \qquad \forall m,n,t \qquad (2.13)$$

式中：LR_t 为旋转备用容量。

9. 机组出力升降约束

机组出力升降约束表征水电机组出力升降速度的快慢。

$$|p_{m,n,t}^{h}-p_{m,n,t-1}^{h}|\leqslant\Delta p \qquad \forall m,n,t \qquad (2.14)$$

式中：Δp 为机组出力抬升/下降时的速度上限。

10. 最小开/停机约束

最小开/停机约束表征水电机组不能频繁启闭。当机组开机后，必须连续运行一段时间后才可关机；同理，当机组关闭后，必须停运一段时间才可继续开机。

$$\begin{cases} \sum\limits_{k=t-SU_n+1}^{t} su_{n,k} \leqslant u_{n,t} & \forall n,t \\ \sum\limits_{k=t-SD_n+1}^{t} sd_{n,k} \leqslant 1-u_{n,t} & \forall n,t \end{cases} \tag{2.15}$$

式中：k 为时间编号；SU_n、SD_n 分别为最小在线时间、最小离线时间要求；$su_{n,k}$ 为机组开机动作（1 代表开机，否则为 0）；$sd_{n,k}$ 为机组关机动作（1 代表关机，否则为 0）。

11. 机组振动区约束

机组振动区约束表征机组安全运行条件下的出力允许变化范围。为避免水电机组运行时发生机械振动，须保证机组出力不在振动区范围内。

$$(p_{m,n,t} - p_n^{\mathrm{low}})(p_{m,n,t} - p_n^{\mathrm{up}}) \geqslant 0 \quad \forall m,n,t \tag{2.16}$$

式中：p_n^{low} 为机组振动区下限；p_n^{up} 为机组振动区上限。

2.2.4 模型输入与决策变量

该模型的输入包括：入库径流（确定性过程）、光电出力（多情景及发生概率）以及负荷需求（确定性过程）。

决策变量包括：机组的开/停机状态、机组间负荷分配策略。在不同的光电情景下，机组的开/停机状态保持不变，且始终满足负荷平衡约束。

2.3 双层嵌套优化算法

机组组合模型由于包含大量的非线性约束（如振动区约束）和时段耦合约束（如最小开/停机约束）而难以求解。将复杂问题解耦成相互关联的子问题，然后在统一的框架内融合多算法进行求解是一种有效思路。针对机组组合问题，本节研制了双层嵌套优化算法。其中，外层采用智能算法优化机组的开/停机状态；内层在给定机组开/停机状态下，再采用动态规划（dynamic programming，DP）算法优化机组间负荷分配策略。双层嵌套优化算法流程见图 2.5。

2.3.1 外层优化

外层采用布谷鸟搜索（cuckoo search，CS）算法对机组开/停机状态进行优化。CS 算法也可替换为其他智能算法，如遗传算法、粒子群算法。下面对 CS 算法的基本寻优原理以及解的编码策略进行介绍。

1. CS 算法寻优原理

CS 算法由 Yang 和 Deb 于 2009 年提出[191]，该算法的寻优机制源自布谷鸟的寄生育雏行为以及莱维飞行（Lévy Flight）特征。Lévy Flight 属于随机游走的一种，其步长长短相间，使得算法更容易跳出局部最优解[192]。王凡等[193]通过建立 CS 算法的 Markov 链模型，从理论上证明了 CS 算法的全局收敛性。近年来，CS 算法在各方面的应用也显示出其强大的寻优能力[194-196]。与遗传算法、粒子群算法类似，CS 算法在更新过程中以种群为基本单位。当初始种群生成后，通过两个算子对其进行更新，通过不断迭代逐渐逼近问题的最优解，算法主要流程见图 2.6。

（1）Lévy Flight 随机游动算子。解的更新方程如下：

$$nest_i^{(g+1)}=nest_i^{(g)}+\alpha_c\oplus L(\lambda)$$
$$(i=1,2,\cdots,N_{pop},t=1,2,\cdots,G_{max})$$

(2.17)

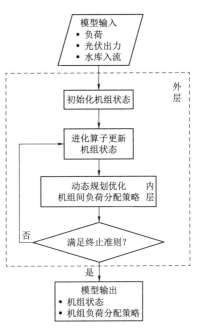

图 2.5　机组组合问题的双层嵌套优化算法求解流程

式中：$nest_i^{(g+1)}$ 为第 $g+1$ 代种群中第 i 个布谷鸟个体；α_c 为步长控制参数，用于控制随机搜索的范围；$\oplus$ 为点对点乘法；G_{max} 为算法的最大迭代次数；$L(\lambda)$ 为 Lévy Flight 搜索步长，服从 Lévy 分布。

基于 Mantegna 算法随机生成 Lévy Fligh 搜索步长，同时充分利用最优个体的导向性，构造出的 Lévy Flight 算子如下：

$$nest_i^{(g+1)}=nest_i^{(g)}+\alpha\,\frac{\mu}{|\nu|^{1/\beta}}[nest_i^{(g)}-nest_b^{(g)}],\beta\in(0,2) \qquad (2.18)$$

式中：$nest_b^{(g)}$ 为第 g 代种群中的最优个体；β 为常数，默认取 1.5；μ 和 ν 均服从正态分布，满足 $\mu-N(0,\sigma_\mu^2)$，$\nu-N(0,\sigma_\nu^2)$，其中

$$\sigma_\mu^2=\left\{\frac{\Gamma(1+\beta)\sin(\pi\beta/2)}{\Gamma[(1+\beta)/2]\beta\times 2^{(\beta-1)/2}}\right\}^{1/\beta},\sigma_\nu^2=1 \qquad (2.19)$$

（2）偏好随机游动算子。用随机数与一个固定发现概率 p_a 相比较以确定是否生成新个体。解的更新方程如下：

$$nest_i^{(g+1)}=nest_i^{(g)}+\gamma H(p_a-\varepsilon)\otimes[nest_j^{(g)}-nest_k^{(g)}] \qquad (2.20)$$

式中：ε，$\gamma\in[0,1]$，均服从均匀分布；$nest_i^{(g)}$，$nest_j^{(g)}$，$nest_k^{(g)}$ 分别为第 g 代种群中的 3 个随机个体；$H(p_a-\varepsilon)$ 为赫维赛德阶跃函数（Heaviside step function）。

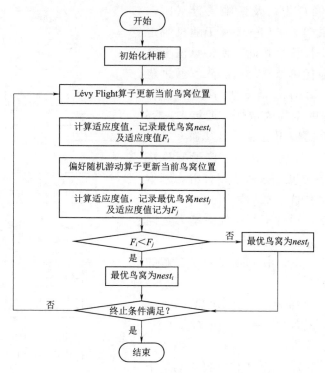

图 2.6　布谷鸟搜索算法寻优流程

2. CS 算法解的二维编码策略

当水电机组型号不相同时，CS 算法的解（个体）由机组开/停机状态变量 su 构成，表示为

$$nest = \begin{bmatrix} su_{1,1} & \cdots & su_{1,T} \\ \vdots & \vdots & \vdots \\ su_{N,1} & \cdots & su_{N,T} \end{bmatrix} \tag{2.21}$$

根据式可知，算法优化变量总个数为 NT。当水电站机组型号相同时，优化机组状态可进一步简化为优化在线机组台数，此时优化变量个数为 T，算法解的构成形式如下：

$$nest = [ou_1, ou_2, \cdots, ou_T] \tag{2.22}$$

式中：ou_1, ou_2, $\cdots$, ou_T 为整个调度期 T 内各调度时段的在线机组台数。

为有效处理连续开停机约束，本节提出二维编码策略（two-dimensional encoding strategy），将传统编码策略中只优化机组台数转变为优化时间节点和机组开机台数。如图 2.7 所示，在相邻的两个时间节点间，机组开机台数不变以避免机组的频繁启闭。整个调度期内机组开机台数连续不变的时段总数为

so，时间节点个数为（$so-1$），优化变量总个数为（$2so-1$）。以某水电站日调度为例，调度时段长取 15 min，稳定运行时段数 $so=3$ 时，采用传统编码策略优化变量个数为 96，而二维编码策略的优化变量个数仅为 5 个，大幅度降低了优化求解的难度。因此，稳定运行时段数 so 也称为降维系数。

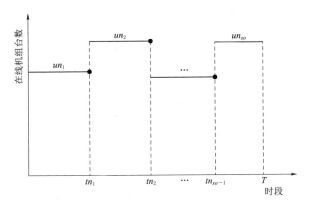

图 2.7　处理连续开停机约束的二维编码示意图

基于二维编码策略解的构成形式如下：

$$nest = [tn_1, tn_2, \cdots, tn_{so-1}, un_1, un_2, \cdots, un_{so}] \qquad (2.23)$$

式中：so 为整个调度期 T 内机组开机台数不发生改变的时段数（稳定运行时段数）；$tn_1, tn_2, \cdots, tn_{so-1}$ 分别为机组状态即将发生改变的时间节点；$un_1, un_2, \cdots, un_{so}$ 分别为各稳定运行时段的在线机组台数。

为满足最小开/停机约束，引入一个新的约束条件，如下：

$$tn_b - tn_{b-1} \geqslant \max\{SU_n, SD_n\} (b = 2, \cdots, so-1) \qquad (2.24)$$

稳定运行时段数 so 的取值参考下式：

$$1 \leqslant so \leqslant \frac{T}{\max\{SU_n, SD_n\}} \qquad (2.25)$$

2.3.2　内层优化

内层采用 DP 方法对机组间负荷分配策略进行优化。依据"最优化原理"，DP 方法把多阶段过程转化成为一系列互相联系的单阶段问题逐个求解。DP 方法的基本要素包括：

（1）阶段与阶段变量：把问题的过程分为若干个互相联系的阶段，以便能按一定的次序求解，研究对象在发展过程中所处的时段或空间部位，即阶段。可以选取每台机组为阶段，投入的机组编号代表阶段变量（$d=1, 2, \cdots, N$），d 为面临阶段，$1 \sim d-1$ 为余留阶段。

（2）状态变量：每个阶段开始所处的自然状况或客观条件，它描述了过程演变中某个阶段所处状态。其中应符合状态无后效性，即过程的过去只通过面临阶段的状态去影响未来的发展，而与未来过程无直接联系。机组 $1\sim d$ 的总出力可视为第 d 阶段末的状态。

（3）决策变量：当某阶段给定，从该阶段状态演变到下一阶段某状态应做的决策。决策用决策变量描述。可以取第 d 台机组的出力 p_d 为决策变量，第 d 台机组第 t 时段的出力范围 $p_{d,t}$ 组成的允许决策集合 D_d，其中 $p_d \in D_d$。

（4）状态转移方程：当系统状态给定后，作出一定的决策，则系统状态转移到相应的下一阶段，这种由一个状态到另一个状态的演变过程可以用状态转移方程表示。因此，DP 模型的状态转移方程可描述为

$$\sum_{c=1}^{d} p_{c,t} = \sum_{c=1}^{d-1} p_{c,t} + p_{d,t} \tag{2.26}$$

式中：$p_{d,t}$ 为第 d 台机组第 t 时段的出力；$\sum_{c=1}^{d} p_{c,t}$ 为 $1\sim d$ 台机组的总出力。

根据贝尔曼最优化原理，机组组合模型的目标函数可采用如下递推形式表示：

$$R_{d,t}^{*}\left(\sum_{c=1}^{d} p_{c,t}\right) = \min\left[f_{rph}(p_{d,t}, h_t) + R_{d-1,t}^{*}\left(\sum_{c=1}^{d} p_{c,t} - p_{d,t}\right)\right] \tag{2.27}$$

式中：$R_{d,t}^{*}\left(\sum_{c=1}^{d} p_{c,t}\right)$ 为总出力 $\sum_{c=1}^{d} p_{c,t}$ 在机组 $1\sim d$ 分配时的最优耗流量；$f_{rph}(p_{d,t}, h_t)$ 为净负荷为 $p_{d,t}$、净水头为 h_t 时机组 d 的发电耗水流量。

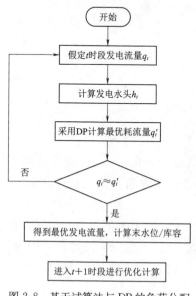

图 2.8　基于试算法与 DP 的负荷分配策略计算流程

需要说明的是，以上动态规划模型每次优化只能确定机组在一个时段的负荷分配策略。在求解多时段的负荷分配问题时，须借助试算法进行求解，基于试算法与 DP 的负荷分配策略计算流程见图 2.8。

步骤 1：假定当前时段 t 的发电引用流量为 q_t，根据给定的初始水位/库容计算发电水头 h_t。

步骤 2：采用动态规划算法确定机组间负荷分配策略，得到最优耗流量为 q_t'。

步骤 3：判断 q_t 与 q_t' 是否相接近，如果否，返回步骤 1，重新假定发电引用流量计算；如果是，停止迭代，得到最优发电流量，计算末水位/库容，进而转入第 $t+1$ 时段的优化计算。

2.4 研究实例

以龙羊峡水光互补电站经济运行问题为研究对象。首先,验证所提出双层嵌套优化算法的有效性;然后,通过 3 种调度情景的对比,揭示光电预测精度与调度效益之间的关系。

2.4.1 研究数据

研究数据包括以下几种类型:

(1) 龙羊峡水电机组(1~4 号)2016 年 3 月 1 日至 2016 年 3 月 31 日出力序列(时间分辨率为 1h)。

(2) 龙羊峡 320 MW 光伏电厂 2013 年 12 月 15 日至 2014 年 8 月 4 日光伏出力序列(时间分辨率为 15min)。

(3) 龙羊峡水光互补电站(水电 1280 MW、光伏 320 MW)2014 年 3 月 15 日出力序列(时间分辨率为 1 min)。

(4) 龙羊峡水库 1956 年 1 月至 2011 年 12 月入库径流序列(时间分辨率为 1 月)。

由于上述数据的序列长度及时间分辨率不一,本节通过一定的变换和处理得到时间分辨率为 1h 的厂内经济运行模型输入(负荷、光伏出力、水库入流),模拟时段长为 1 个月。数据处理方式为:首先,采用同倍比方法将 320 MW 光伏出力数据缩放至 850 MW;然后,将 2014 年 3 月 1 日至 2014 年 3 月 31 日光电出力序列进行平移,得到 2016 年 3 月 1 日至 2016 年 3 月 31 日光伏出力过程;最后,假定水光电联合运行过程中无弃电以及缺电情况发生,根据已知的水电出力以及光伏出力重构出互补电站 2016 年 3 月 1 日至 2016 年 3 月 31 日的负荷曲线,其中水电约承担总负荷的 72%。由于小时尺度的入库流量未知,各小时入库流量直接采用 3 月历史多年平均流量(300 m³/s)代替。图 2.9 为水光互补经济运行模型输入数据,即水电出力、光伏出力以及总负荷的箱状图。

2.4.2 方案及参数设置

针对经济运行问题,分别进行了典型日和长系列优化调度计算。典型日优化计算采用的是 2014 年 3 月 15 日的光电出力以及负荷数据,如图 2.10 所示。其中,调度时段长为 15 min,调度总时长为 1 天。

长系列优化计算采用的是 2016 年 3 月 1—31 日重构的光电出力以及负荷数据。设置了 3 种情景(历史调度情景,确定性优化调度情景,以及随机优化调度情景),具体描述见表 2.1。

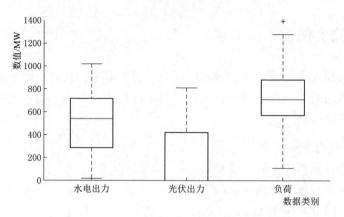

图 2.9　水光互补经济运行模型输入数据

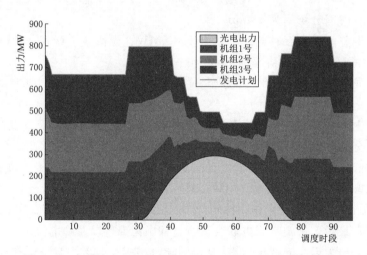

图 2.10　龙羊峡水光互补电站 2014 年 3 月 15 日实际出力过程

表 2.1　　　　　　　　　　　　　经济运行调度情景描述

情景设置	光电输入形式	调度方法
历史调度	单过程	模拟
确定性优化调度	单过程	双层嵌套优化
随机优化调度	多过程	双层嵌套优化

　　各情景调度时段长为 1h，调度总时段长为 1 个月。其中，随机优化调度情景中考虑光伏发电的不确定性，即光电出力采用多过程以及发生概率进行表征。图 2.11 以 2016 年 3 月 1—4 日的光伏发电过程为例说明不确定性光电的表征形式，采用积分法计算得到预测偏大、预测合理及预测偏小的发生概率分别

为 $\rho_1 = 0.1573$，$\rho_2 = 0.6854$，$\rho_3 = 0.1573$。在日优化调度计算时，采用 CS 算法对外层机组开机台数进行优化，算法种群规模和最大迭代次数分别设置为 50 和 1000。为满足最小开停机约束，稳定运行时段数设置为 $so = 6$，其他调度参数设置见表 2.2。

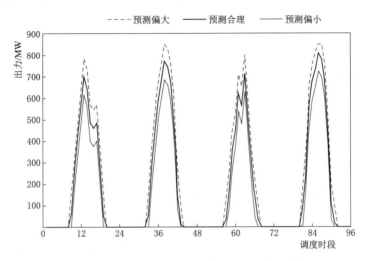

图 2.11　光伏发电不确定性多情景表征（2016 年 3 月 1—4 日）

表 2.2　　　　　　　　　　　　　经济运行调度参数设置

参数类别	符号	数值	单位
起调水位	/	2575	m
最小开机时间	SU_n	2	h
最小停机时间	SD_n	2	h
出力升降速度	Δp	10	MW/s
旋转备用容量	LR_t	80	MW
振动区下限	p_n^{low}	130	MW
振动区上限	p_n^{up}	220	MW
机组出力下限	p_n^{-}	0	MW
机组出力上限	p_n^{+}	320	MW

为避免双层嵌套优化繁重的计算负担，采用预存储策略以提升算法的寻优效率，即先采用 DP 算法计算所有可能的机组开机台数、负荷及水头组合下的负荷分配结果，供实时调度时直接调用。本书中，所有算法均基于 MATLAB 软件实现，计算机配置为：CPU 双核，Intel © Core™ i5 - 3470 处理器，4.00 GB 内存。

2.4.3　双层嵌套优化算法的有效性分析

为进一步了解水电站实时经济运行特性，表2.3给出了几种典型负荷和水头下采用DP得到的机组负荷分配策略以及耗流量。同时，图2.12还给出了机组的运行效率曲线（机组效率表征单方水所能发出的电量）。

表2.3　不同开机台数以及负荷条件下机组最优负荷分配及耗流量

调度结果	开机台数	水头=100m			水头=110m			水头=120m		
		300 MW	600 MW	900 MW	300 MW	600 MW	900 MW	300 MW	600 MW	900 MW
机组负荷分配策略/MW	1	—	—	—	—	—	—	300	—	—
	2	79			79			79	290	
		221	—		221			221	310	
	3	81	129		100	129		80	110	290
		90	233		100	233		110	240	300
		129	238		100	238		110	250	310
	4	70	121	221	64	114	224	52	113	129
		70	129	222	77	128	223	81	122	252
		70	129	228	79	129	223	81	128	252
		90	221	229	80	229	230	86	237	267
耗流量/(m³/s)	1	—	—	—	—	—	—	299	—	—
	2	378	—	—	342	—	—	320	597	—
	3	393	741		366	652		346	603	896
	4	427	737	1092	404	675	966	385	629	889

从表2.3可知，所有负荷分配策略中机组出力均成功避开了振动区［130，220］MW，可确保机组的安全稳定运行。对于大部分负荷分配策略，相同的负荷和水头下，机组开机台数越大，耗流量越大，表明整个电站运行效率越低。其原因在于，单台水电机组的运行效率在一定范围内通常随负荷的增大而变大，如图2.12（b）所示。因此，当机组开机台数增大时，会使得单台机组承担的负荷偏低，机组运行效率也随之降低，耗流量增大。但随着单台机组负荷的升高，机组运行效率会下降。这种特性将导致机组开机台数越多，整个电站的耗流量反而越高。例如，当水头为100m，负荷为600MW时，开3台机组的最优耗流量为741m³/s，而开4台机组的最优耗流量降为737m³/s，但降低的幅度并不明显。整体来看，机组开机台数越少，电站运行效率越高。另外，从图2.12（b）还可看出：相同负荷、相同开机台数下，水头越高，机组

的耗流量越小，整个电站运行效率越高。因此，在实际调度时，抬高水电站的发电水头对于经济运行意义重大。另外，从表 2.3 中的最优负荷分配策略来看，单台机组负荷趋于接近。这点可根据机组负荷分配的最优性条件（等微增率）[27] 来解释，即当各台机组的效率系数相同时，电站耗流量取得极小值。但需要说明的是，这一最优性条件在机组连续开停机约束、旋转备用约束、机组振动区约束的影响下，可能会发生改变。

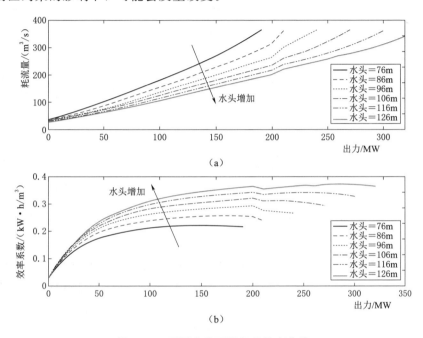

图 2.12　不同水头下机组的效率曲线

（a）机组耗流量与出力关系；（b）机组效率与出力关系

为验证双层嵌套优化算法的有效性，图 2.13 给出了双层嵌套优化算法求解典型日（2014 年 3 月 15 日）机组组合问题的收敛性曲线及最优耗流量的箱状图。箱状图中统计值自上而下依次为：上边界，上四分位数，中值，下四分位数，以及下边界。调度期为 24h，调度时段长为 15min。外层 CS 算法优化变量个数为 11，包括 5 个时间节点以及 6 个稳定调度时段的机组开机台数；内层 DP 算法优化变量个数为 96×4＝384。将程序独立运行 20 次以获取统计结果，单次寻优时间约为 4min。由图 2.13（a）可知，在优化初期，算法初始解对应的平均耗流量约为 578 m³/s，略优于实际调度（579.3 m³/s）。初始解是由 DP 给定，但此时机组开机台数是随机生成的，并未达到较优状态。经过 1000 次迭代后，平均耗流量在 567.1 ～568.6 m³/s。相比于实际调度，优化调度的耗水量降低了 1.8％～2.1％，说明利用外层 CS 算法可进一步优化机组的开机台数。此外，结合图 2.13（b）中的箱状图可知，最优耗流量变动幅度很小，耗水量最大值与最小值的差值仅为 1.5 m³/s，占耗流量最优值的 0.26%，表明优化结果稳定。因此，双层嵌套优化算法求解机组组合问题是有效的。

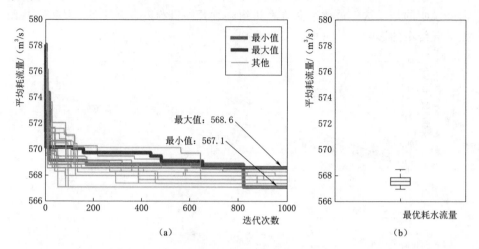

图 2.13　双层嵌套优化算法求解典型日（2014 年 3 月 15 日）机组组合问题的优化结果
(a) 算法的收敛性曲线；(b) 最优耗水流量箱装图

若只采用 DP 求解该问题，将很难满足机组的连续开停机约束。因为 DP 单次优化只能处理一个时段的负荷分配问题。若只采用智能算法（如 CS 算法）求解此问题，可以预见，将很难收敛。因为该问题的优化变量多达 384 个，同时还存在大量的非线性约束须处理，如机组的动力特征曲线约束、振动区约束等。综上所述：本节提出的双层嵌套优化算法既综合了智能算法的并行搜索能力，又综合了 DP 强大的非线性处理能力，使得机组组合问题得以高效求解。

图 2.14 显示了双层嵌套优化算法求解多个典型日经济运行问题的收敛曲线。除了在 3 月 2 日确定性优化情景和 3 月 3 日随机优化情景外，双层嵌套优化算法经过较小的迭代次数后耗流量保持不变，表明具有较好的收敛性。通过对外层智能算法以及约束处理策略的改进可以得到搜索效率更高的双层嵌套优化算法。

图 2.15 对比了模拟调度和确定性优化调度（未考虑光电预测的不确定性）的长系列调度结果。长系列优化调度结果经逐日连续演算得到。日优化问题中：调度时段长为 1h，调度期为 24h。外层 CS 算法优化变量个数为 5＋6＝11；内层 DP 算法优化变量个数为 24×4＝96。在图 2.15（a）中，实际运行的机组开机台数变化较为规律。白天光伏出力较大时，水电站开 2 台机组配合

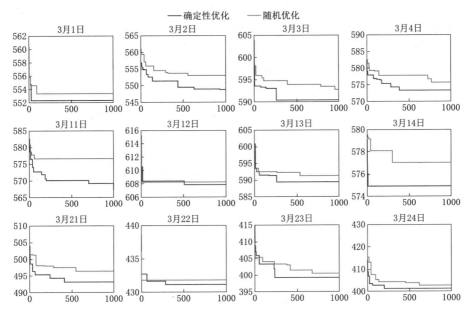

图 2.14　确定性优化与随机优化情景中双层嵌套优化算法的收敛性曲线

［注：横坐标表示迭代次数，纵坐标表示平均耗流量（m³/s）］

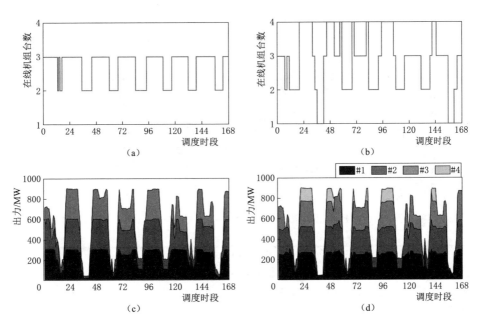

图 2.15　长系列调度结果对比（2016 年 3 月 1—7 日）

（a）模拟调度在线机组台数；（b）优化调度在线机组台数；（c）模拟调度负荷分配；

（d）优化调度负荷分配

光伏发电以满足负荷要求；夜间光伏出力为 0 时，水电站开 3 台机组独立满足系统负荷要求。相比于实际调度，优化调度情景中机组开机台数波动较大。在大部分时段，机组开机台数在 2～3 台之间变化。在夜间部分时段，水电机组开机台数达到了 4 台，因为此时系统负荷较高，但光伏出力为 0，需要开启更多的机组以满足负荷备用要求。同时，在优化调度情景中，旋转备用约束也会使得机组的开机台数增大。在白天部分时段，由于光伏出力较大，机组开机台数降低为 1 台。对于相同的负荷，机组开机台数越少，运行效率越高。图 2.15（c）和图 2.15（d）相比，常规模拟调度情景中机组的负荷变动较小，虽然降低了机组负荷的调节次数，但却削弱了机组运行的经济性。总体而言，基于双层嵌套优化算法的调度情景充分挖掘了水电机组的灵活调节能力，调度结果优于常规调度，进一步验证了双层嵌套优化算法的有效性。

在双层嵌套优化算法中，稳定运行时段数 so 是平衡电站运行稳定性与经济性的一个关键参数。当机组开/停机越频繁时，so 越大，电站运行越灵活；当机组开停机次数较少时，so 越小，电站运行越稳定。为揭示参数对水电站经济性能的影响，图 2.16 绘制了不同稳定运行时段数 so 对应的平均耗流量及误差。

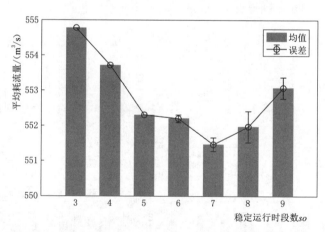

图 2.16　稳定运行时段数对经济运行结果的影响（以 2016 年 3 月 1 日运行数据为例）

从图 2.16 可知，当参数 so 较小时，平均耗流量较大；随着 so 增大，耗流量逐渐减小；当 $so=7$ 时，耗流量达到最小值；当 so 继续增大时，耗流量逐渐增大。此外，so 越大，误差线变化范围越大，表明优化结果的稳定性也越差。原因在于：so 越小，机组开/停机约束越容易满足，但机组状态变化的灵活性被削弱，导致耗流量增多。而当 so 越大时，机组调节的灵活性虽然提高，但最小开/停机约束越难以满足。由于在算法设计时，采用了罚函数对最小开/停机约束进行处理，当最小开/停机约束不满足时，耗流量由于惩罚函数的作用而增大。因此，在实际应用当中，须根据最小开/停机约束，采用试算法对该参数进行综合确定。

图 2.17 给出了不同入流（I）条件下的典型日（2016 年 3 月 1 日）经济运行结果，包括机组开机台数以及典型日各时段的耗流量。从图 2.17 可以看出，平均入流 $I=200$ m³/s 和 $I=400$ m³/s 条件下，机组开机台数以及耗流量完全相同。当平均入流 $I=300$ m³/s 时，第 20 个调度时段机组开机台数不相同，其余调度时段机组开机台数以及耗流量完全相同。可见，在研究实例中，经济运行结果对入流不敏感。主要原因在于，研究对象龙羊峡水库为多年调节水库，拥有巨大的调节库容，日径流变化对其水头影响不大。需要说明的是，对于小库容或者狭长型水库，日入库径流对水头影响较大，此时应考虑径流预测的不确定，但同时也会进一步增大优化的计算负担。

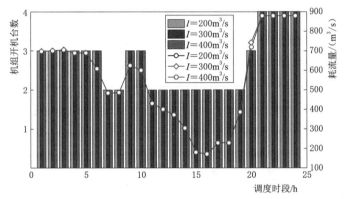

图 2.17 入库径流对经济运行结果的影响（以 2016 年 3 月 1 日运行数据为例；柱状图为机组开机台数，折线图为耗流量）

2.4.4 确定性和随机性调度情景对比

为分析随机调度与确定性调度情景的差异，将程序独立运行 20 次，并对优化结果进行统计，见表 2.4。从表 2.4 可知，所有典型日中，确定性优化情景的平均耗流量均低于随机性优化情景。原因在于：随机性优化情景的在线机组台数为鲁棒优化变量，即在所有光电出力情景下（预测偏大、预测合理、预测偏小）均可以保证负荷平衡约束。这种特性可以确保互补系统在光电预测不准的情况下依然保证供电的可靠性，但决策时考虑了最坏的情景（即光电预测偏小），使得机组开机台数偏大，因而系统运行的经济性受到削弱。

图 2.18 为 3 种不同调度情景下水库库容以及累积节省水量随时间的变化轨迹（注：在计算两种优化情景的省水量时，模拟调度情景比较基准）。从图 2.18 中可知，3 种调度情景库容均呈下降趋势，主要因为 3 月水库处于消落

表 2.4　　　　　　　　不同优化情景下典型日耗流量统计值　　　　单位：m³/s

日期	确定性优化耗流量				随机优化耗流量			
	最大值	平均值	最小值	标准差	最大值	平均值	最小值	标准差
3月1日	552.3	552.2	551.3	0.4	552.5	552.4	551.4	0.3
3月2日	550.5	549.1	547.3	1.0	555.7	554.0	552.5	1.1
3月3日	589.7	589.7	589.7	0.0	594.2	592.4	592.2	0.6
3月4日	572.3	572.3	572.3	0.0	575.2	574.9	574.1	0.5
3月11日	567.3	565.6	564.6	0.9	573.8	573.8	573.8	0.0
3月12日	604.8	604.2	604.1	0.2	605.9	605.3	605.2	0.2
3月13日	586.4	585.0	582.9	1.0	589.0	587.4	586.8	0.8
3月14日	571.1	571.0	570.0	0.3	574.0	573.0	572.9	0.3
3月21日	488.5	488.5	488.5	0.0	490.4	490.4	490.4	0.0
3月22日	427.9	427.4	426.3	0.5	428.5	428.5	428.5	0.0
3月23日	396.4	395.0	392.4	1.0	399.0	398.3	397.1	0.9
3月24日	397.0	397.0	397.0	0.0	400.9	399.9	398.7	0.9
均值	525.4	524.2	523.9	0.4	528.3	527.5	527.0	0.5

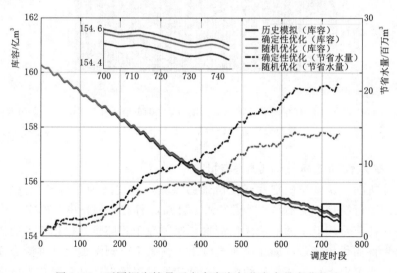

图 2.18　不同调度情景下水库库容与节省水量变化轨迹

期，出库流量大于入库流量。对不同调度情景末库容对比发现，模拟调度情景末库容最低，随机性优化调度情景末库容相对更高，确定性优化调度情景末库容最高。这说明两种优化情景均可节省发电水量，提高了水资源利用效率。随机性调度情景考虑了光伏出力预测的不确定性，导致决策偏保守，因而节省的水量相对于确定性调度情景偏小，这与典型日调度结果一致。此外，从图中还发现，两种优化调度情景的累积省水量总体趋势在变大，但并非严格递增。这种情形主要是因为优化情景中考虑了旋转备用和振动区约束，使得在部分时段机组开机台数增多，导致局部时段耗水量增加。

表2.5对不同调度情景下的长系列经济运行结果进行了比较，包括总耗水量、非振动区运行概率和负荷备用容量满足概率。

表2.5   不同调度情景下长系列（2016年3月1—31日）经济运行结果对比

评价指标	模拟调度	确定性优化调度	随机性优化调度
总耗水量/亿 m³	13.78	13.57	13.64
非振动区运行概率/%	90.1	100	100
负荷备用容量满足概率/%	80.6	100	100

从表2.5中可知，相比于模拟调度情景，确定性优化调度情景和随机性优化调度情景中总耗水量分别降低了1.5%和1.0%，并且这两种优化情景均100%满足振动区约束和旋转备用约束。然而在模拟调度情景中，这两种约束并未完全满足。可以预见，若模拟调度情景严格满足振动区约束以及旋转备用约束，耗流量将会进一步提高。从经济效益来看，若采用本节提出的模型和算法，水电站一个月可节省水量0.14亿 m³，根据龙羊峡多年平均运行效率（4m³水发1kW·h电）进行测算，一个月可以增发电量350万kW·h，一年可增发电量4200万kW·h。若水电上网电价按0.2元/(kW·h)计算，电站每年可增加发电效益840万元，经济效益十分可观。

在本节中，确定性优化调度情景中并未考虑光伏发电的不确定性，其暗含的假定是光电出力可以完美预测；而随机优化调度情景中采用多场景及发生概率表征光电出力预测的不确定性，即认为光电出力是无法准确预测的。这两种情景对比可以说明：提高预报精度可进一步提高调度效益。

2.5   本章小结

本章对光电预测不确定性条件下的水光互补电站经济运行问题作了研究。首先，采用多场景以及发生概率表征光电出力预测的不确定性；其次，结合鲁棒随机优化理论，建立了考虑光电出力预测不确定性的机组组合鲁棒优化调度模型。为实现模型的高效求解，提出了耦合智能算法以及动态规划的双层嵌套优化框架。其中，外层采用CS算法优化机组的开/停机次序，内层在给定的机组开/停机次序下，再采用DP优化机组间负荷分配策略。为有效处理机组的连续开/停机约束，提出了智能算法的二维编码策略。最后，基于龙羊峡水光互补电站实际运行数据，设置了 3 种调度情景：实际调度情景、确定性优化调度情景（认为光电完美预报），以及随机性优化调度情景（考虑光电预测的不确定性）。研究表明：

（1）提出的二维编码策略可以有效处理机组的连续开/停机约束，同时大幅度缩减了优化变量的个数，实现了对原问题的降维。

（2）提出的双层嵌套优化算法通过预存储内层优化结果，可在较短的时间内得到高效稳健的经济运行方案，获取 96 点日调度方案仅需 4 min。

（3）相比于实际调度情景，确定性优化调度和随机性优化调度情景分别降低了耗水量 1.5% 和 1.0%，不仅验证了模型和算法的有效性，还说明了提高光电预测精度对于水光互补短期调度效益的增益作用。

第3章

耦合经济运行模块的水光互
补电站日前发电计划编制研究

发电计划编制解决的是互补电站向电网建议次日发电方案的问题。该问题建立在来水、负荷以及光电出力预测的基础上，通过优化可用水量在时间（各调度时段）和空间上（机组间）的分配，使得互补系统发电效益最大化，同时满足电力系统的调峰要求。由于该问题本质上是一个强约束的双层规划（bi-level programming）问题，加之存在多重预测的不确定性，相比于经济运行问题，优化调度决策的制订更加困难。

对于传统水电站（群）日前发电计划编制问题，已有各种成熟的模型（如发电量最大模型、发电效益最大模型、调峰电量最大模型）和算法（如逐次优化算法、遗传算法等）[197-200]。同时，为了解决发电计划编制和厂内经济运行脱节问题，有学者还提出了发电计划编制与厂内经济运行一体化调度模式[174,201,202]。由于传统水电日前计划编制问题的复杂性，目前大部分研究主要集中在模型的求解方面，而对于预测不确定性考虑较少。

对于水光互补系统，光电在短时间尺度上存在强随机性而难以准确预测，给日前发电计划编制带来很大的不确定性。那么，如何在光电预测不准的情况下制定电网所偏好的发电计划？同时，发电计划编制问题本身存在大量的非线性约束而难以求解，尤其是在不确定性条件下求解难度更大。那么，如何在不确定性条件下对发电计划编制问题进行高效求解？针对这两个问题，本章在第2章的研究基础上，对水光互补电站日前发电计划编制问题进行了研究，将该过程称为"以资定电"，研究技术路线如图3.1所示。

（1）考虑日前发电计划编制与经济运行的关联性，建立了耦合经济运行模块的发电计划编制双层规划优化模型。

（2）为了实现模型的有效求解，将日前发电计划编制问题解耦成3个相互关联的子问题，然后融合一种启发式算法、智能算法及动态规划在统一的框架下求解，形成三层嵌套优化算法。

（3）采用多个指标对所制订的发电计划进行评价，以此验证所提出模型和方法的有效性。并且，通过对模型中负荷特性约束的松弛，得到互补发电计划的多重临近最优解以及系统输出功率的柔性决策区间。

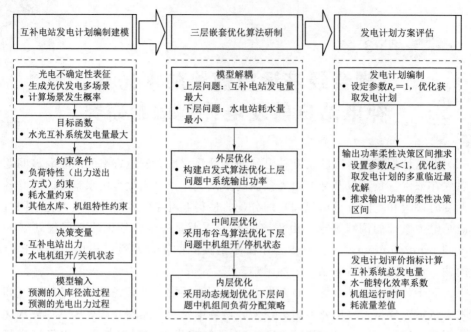

图 3.1　互补发电计划编制技术路线图

3.1　发电计划编制双层规划模型

发电计划编制问题可描述为：给定光伏出力预测、入库径流预测及计划用水量，确定水电机组的开/停机状态以及互补电站总出力过程，使得互补电站出力过程在满足一定负荷特性条件下发电量最大。为了实现发电计划编制与经济运行的有效衔接，本章在经济运行模块的基础上，建立发电计划编制双层规划数学模型。

3.1.1　目标函数

上层模型通过优化可用水量在各调度时段上的分配使得互补系统总发电量最大，目标函数为

$$\max E = \sum_{m=1}^{M} \rho_m \sum_{t=1}^{T} (\sum_{n=1}^{N} u_{n,t} p_{m,n,t}^{h} + p_{m,t}^{s}) \Delta t \tag{3.1}$$

式中：E 为互补系统总计划电量；M 为光伏发电情景数；T 为调度时段数；N 为机组台数；m、n、t 分别为光电场景、机组及调度时段编号；ρ_m 为第 m 种光电场景的发生概率；$u_{n,t}$ 为机组的开/停机状态，为 0-1 变量（1 代表机组开，0 代表机组关）；$p_{m,n,t}^{h}$ 为水电机组出力；$p_{m,t}^{s}$ 为光伏电站出力；Δt 为调度时段长。

为应对光电预测的不确定性，在建模过程中令互补系统输出功率在不同光电情景下均保持不变。因此，式（3.1）可改写为

$$\max E = \sum_{t=1}^{T} P_t^{\mathrm{hs}} \Delta t \qquad (3.2)$$

其中

$$P_t^{\mathrm{hs}} = \sum_{n=1}^{N} u_{n,t} p_{m,n,t}^{\mathrm{h}} + p_{m,t}^{\mathrm{s}} \quad (m=1,2,\cdots,M) \qquad (3.3)$$

式中：P_t^{hs} 为互补电站在第 t 调度时段输出功率，等于水电出力与光电出力之和。

下层模型在给定的输出功率下优化水量在机组间的分配使得水电站耗水量最小，目标函数为

$$\min W = \sum_{m=1}^{M} \rho_m \left(\sum_{t=1}^{T} \sum_{n=1}^{N} u_{n,t} r_{m,n,t} \right) \Delta t \qquad (3.4)$$

式中：$r_{m,n,t}$ 为第 m 种光电场景下第 n 台水电机组在第 t 时段的耗流量。

综上所述，耦合厂内经济运行模块的发电计划编制双层规划模型可以表示为

$$\begin{cases} \max\limits_{P} E = \sum_{t=1}^{T} P_t^{\mathrm{hs}} \Delta t \\ \mathrm{s.\,t.} \quad F(W,P) \leqslant 0 \\ \min\limits_{R} W = \sum_{m=1}^{M} \rho_m \left(\sum_{t=1}^{T} \sum_{n=1}^{N} u_{n,t} r_{m,n,t} \right) \Delta t \\ \mathrm{s.\,t.} \quad G(P,R) \leqslant 0 \end{cases} \qquad (3.5)$$

式中：P 为互补电站在整个调度期各时段系统的输出功率，为上层模型的决策变量；R 为各台机组在各时段的发电流量矩阵，为下层模型的决策变量。

3.1.2 约束条件

1. 负荷特性约束

负荷特性约束表征互补电站将电能馈入电网时出力送出方式。互补电站输出功率须呈现出特定的变化趋势（如双峰型）以追踪大电网负荷。可采用典型日负荷曲线对其进行约束[203]，即互补电站输出功率过程与设置的典型日负荷曲线相关系数不低于某一临界值。

$$\frac{\sum\limits_{t=1}^{T} \left[(P_t^{\mathrm{hs}} - \bar{P}^{\mathrm{hs}})(L_t - \bar{L}) \right]}{\sqrt{\sum\limits_{t=1}^{T} (P_t^{\mathrm{hs}} - \bar{P}^{\mathrm{hs}})^2 \sum\limits_{t=1}^{T} (L_t - \bar{L})^2}} \geqslant R_c \qquad (3.6)$$

式中：$\bar{P}^{\mathrm{hs}}$ 为互补电站发电计划中输出功率的均值；L_t 为典型负荷曲线中第 t 时段的负荷值；$\bar{L}$ 为典型日负荷曲线中负荷值的均值；R_c 为相关系数临界值。

2. 耗水量约束

耗水量约束表征互补电站发电须与长期水量分配计划相统一。实时调度中，水电出力随光电出力变化而调整，导致水电站的泄流量也随之变化。该约束使得整个调度期内水电站耗水流量与统筹流域水资源综合利用计划的耗水量相接近。

$$\left| \sum_{m=1}^{M} \rho_m \left(\sum_{t=1}^{T} \sum_{n=1}^{N} u_{n,t} r_{m,n,t} \right) \Delta t - W_{\text{plan}} \right| \leqslant \Delta \bar{W}_c \tag{3.7}$$

式中：W_{plan} 为调度期内计划用水量，一般根据长期调度决策拟定；$\Delta \bar{W}_c$ 为耗水量的允许误差。

3. 下泄流量约束

下泄流量约束表征水轮机过流量的允许变幅。水电机组开启时过机流量必须大于最小流量要求，同时不能超过最大过流能力。

$$r_n^- \leqslant r_{m,n,t} \leqslant r_n^+ \quad \forall m, n, t \tag{3.8}$$

式中：r_n^-、r_n^+ 分别为机组过流量的下限和上限值。

4. 其他约束

来自经济运行模块，可参考 2.3.3 节，包括：机组动力特性约束；水头约束；水库特性约束；水量平衡约束；库容约束；旋转备用约束；机组出力升降约束；最小开/停机约束；机组振动区约束。

$$\begin{cases}
r_{m,n,t} = f_{\text{prh}}(p_{m,n,t}^h, h_{m,t}) \\
h_{m,t} = z_{m,t}^{\text{up}} - z_{m,t}^{\text{down}} - h_{m,t}^{\text{loss}} \quad \forall m, t \\
p_n^- \leqslant p_{m,n,t}^h \leqslant p_n^+(h_{m,t}) \quad \forall m, n, t \\
z_{m,t}^{\text{up}} = f_{vz}(\bar{v}_{m,t}) \quad \forall m, t \\
z_{m,t}^{\text{down}} = f_{qz}\left(\sum_{n=1}^{N} u_{n,t} r_{m,n,t} + WP_{m,t} \right) \quad \forall m, n, t \\
v_{m,t+1} = v_{m,t} + \left(I_t - \sum_{n=1}^{N} u_{n,t} r_{m,n,t} - WP_{m,t} \right) \Delta t \\
v^- \leqslant v_{m,t} \leqslant v^+ \quad \forall m, t \\
\sum_{n=1}^{N} (u_{n,t} p_n^+ - p_{m,n,t}) \geqslant LR_t \quad \forall m, n, t \\
\left| p_{m,n,t} - p_{m,n,t-1} \right| \leqslant \Delta p \quad \forall m, n, t \\
\sum_{k=t-SU_n+1}^{t} su_{n,k} \leqslant u_{n,t} \quad \forall n, t \\
\sum_{k=t-SD_n+1}^{t} sd_{n,k} \leqslant 1 - u_{n,t} \quad \forall n, t \\
(p_{m,n,t} - p_n^{\text{low}})(p_{m,n,t} - p_n^{\text{up}}) \geqslant 0 \quad \forall m, n, t
\end{cases} \tag{3.9}$$

式中：$f_{prh}(\cdot)$ 为机组发电流量、出力及净水头三者之间的函数关系；$h_{m,t}$ 为发电净水头；$z_{m,t}^{up}$、$z_{m,t}^{down}$、$h_{m,t}^{loss}$ 分别为水库坝前水位、尾水位及水头损失；p_n^- 为机组出力下限；$p_n^+(h_{m,t})$ 为水头为 $h_{m,t}$ 时的机组出力上限；$f_{vz}(\cdot)$ 为坝前水位与库容之间的关系；$f_{qz}(\cdot)$ 为下泄流量与尾水位间的关系；$v_{m,t}$、$v_{m,t+1}$ 分别为第 t 时段初、末库容；$\bar{v}_{m,t}$ 为时段平均库容；$WP_{m,t}$ 为扣除发电引用流量后的出库流量；I_t 为时段平均入库流量；v^-、v^+ 分别为库容的下限和上限；LR_t 为旋转备用容量；Δp 为机组出力抬升/下降速度限制；k 为时间编号；SU_n、SD_n 分别为最小在线时间、最小离线时间要求；$su_{n,k}$ 为机组开机动作（1 代表开机，否则为 0）；$sd_{n,k}$ 为机组关机动作（1 代表关机，否则为 0）；p_n^{low} 为机组振动区下限；p_n^{up} 为机组振动区上限。

3.1.3 模型输入与决策变量

该模型的输入条件包括：入库径流预测值、光伏出力预测值、典型负荷曲线（反映互补电站在电力系统中所处的位置）、调度期内计划用水量。

上层模型的决策变量是互补系统的输出功率。下层模型的决策变量是机组开/停机状态，机组间负荷分配策略。系统输出功率以及机组开/停机状态为鲁棒优化变量，即不随光电情景变化而变化。

3.2 多层嵌套优化算法

考虑到双层规划模型求解的复杂性，采用单一算法难以直接获得满意的发电计划。为此，提出了"模型解耦，算法融合"的求解思路，即先将复杂问题分解为相对易于求解的子问题，然后在统一的框架内融合多算法进行求解。针对发电计划编制模型，提出了三层嵌套优化算法。其中，最外层采用一种启发式算法优化可用水量在整个调度内的分配；中间层采用智能算法优化机组开机台数；最内层采用动态规划优化机组间的负荷分配策略。本质上，中间层和最内层解决的是经济运行问题。算法流程见图 3.2。由于中层和内层算法在第 2章中已有提到，兹不赘述。下面重点介绍最外层的启发式算法。该算法基于迭代法以及约束式（3.6）和约束式（3.7）构建，基本步骤如下。

步骤 1：基于负荷特性约束随机生成一组发电计划曲线（$\boldsymbol{P}^{gp} = [P_1^{gp}, \cdots, P_T^{gp}]$），使其满足约束。

步骤 2：初始化水-能转换效率系数 η_{in}，根据可用水量生成发电计划曲线（系统总输出功率曲线），计算式如下：

$$\boldsymbol{P}^{hs} = \frac{\boldsymbol{P}^{gp}}{\bar{P}^{gp}} \eta_{in} W_{plan} \tag{3.10}$$

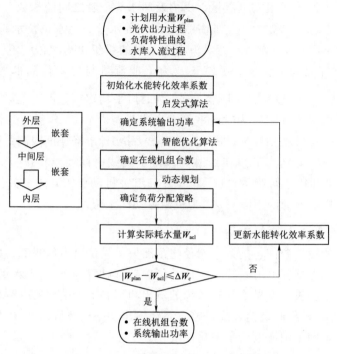

图 3.2　发电计划编制三层嵌套求解算法

步骤 3：将输出功率曲线输入中间层和内层优化模块（经济运行），计算实际耗水量以及对应的水-能转换效率系数。

步骤 4：判断约束是否满足，如果是，则停止迭代，输出优化调度结果；如果否，按照下式更新水能转化效率系数，并返回步骤 2。

$$\eta_{\text{out}} = \frac{\sum\limits_{t=1}^{T} P_t^{\text{hs}}}{\sum\limits_{m=1}^{M} \rho_m \sum\limits_{t=1}^{T} \sum\limits_{n=1}^{N} u_{n,t} r_{m,n,t}} \tag{3.11}$$

3.3　发电计划评价指标

在对发电计划方案进行评估时，选取了如下 4 个评价指标，包括互补系统发电量、水能转化效率系数、机组运行时间、耗水量差值，计算式依次如下。

（1）互补系统发电量：值越大，表明互补系统可获取的发电效益越多。

$$E = \sum_{t=1}^{T} P_t^{\text{hs}} \Delta t \tag{3.12}$$

（2）水能转化效率系数：值越大，表明水资源利用率越高。

$$\eta_{out} = \frac{\sum_{t=1}^{T} P_t^{hs}}{\sum_{m=1}^{M} \rho_m \sum_{t=1}^{T} \sum_{n=1}^{N} u_{n,t} r_{m,n,t}} \quad\quad (3.13)$$

（3）机组运行时间：值越大，表明机组运行时间越长，磨损程度越大。

$$T_{on} = \sum_{t=1}^{T} \sum_{n=1}^{N} u_{n,t} \quad\quad (3.14)$$

（4）耗水量差值：绝对值越大，表明电力调度与水量调度的协调性越差。

$$\Delta W = \sum_{m=1}^{M} \rho_m \sum_{t=1}^{T} \sum_{n=1}^{N} u_{n,t} r_{m,n,t} \Delta t - W_{plan} \quad\quad (3.15)$$

3.4 研究实例

以龙羊峡水光互补电站日前发电计划编制为研究对象。首先，通过方案对比说明构建三层嵌套优化算法的必要性；然后，对日前发电计划的有效性作了评估；最后，推求了发电计划的多重临近最优解以及系统输出功率的柔性决策区间，并对其特征作了描述。

3.4.1 研究数据及参数设置

根据水光互补电站 2014 年 3 月 15 日的实际运行数据计算出水电站日平均耗流量为 $Q_{plan} = 579.3 \text{m}^3/\text{s}$，对应日耗水量为 $W_{plan} = 0.5$ 亿 m^3，以此作为日可用水量编制互补电站 96 点出力计划。其中，日负荷特性曲线采用 2014 年 3 月 15 日的互补总出力过程曲线，即设置 $R_c = 1$。根据《黄河水量调度条例实施细则》，水库日平均出库流量误差不得超过控制指标的 $\pm 5\%$，本节设定流量误差为 $\pm 1\%$。其他调度参数设置参照表 2.2。

3.4.2 三层嵌套优化的必要性分析

为了论证构建三层嵌套优化算法的必要性，图 3.3 对比了 3 种调度情景（实际运行情景、双层嵌套优化情景、三层嵌套优化情景）的在线机组台数和系统输出功率。从图 3.3（a）可知，实际运行情景中各调度时段的机组开机台数一直为 3 台。此种决策方式能够保证光电在预测不准的情况下依然能较可靠地满足负荷平衡，但由于并未充分利用机组的灵活调节能力，决策偏保守。在三层嵌套优化情景中，白天机组开机台数为 2 台，夜间为 3 台。由于白天考虑了光伏发电的可能情景，降低水电机组的开机台数进一步提高了机组的运行效率。结合图 3.3（b）可知，三层嵌套优化情景中系统输出功率高于实际运行情景，方案更优。而对于双层嵌套优化情景，部分时段的机组开机台数高达 4 台，且系统输出功率低于三层嵌套优化情景，说明制订的发电计划仍存在可优化的空间。造成这种现象的主要原因在于：发电计划编制本质上是双层规划问题，由于问题的复杂性，仅采用智能算法无法同时获取较优的总出力计划曲线以及机组启停次序。因此，需要将总出力曲线制订和在线机组台数的确定两个任务进行再次分离。通过构造三层嵌套算法，得到了更合理的机组启停方案，说明了构造三层嵌套算法的必要性。

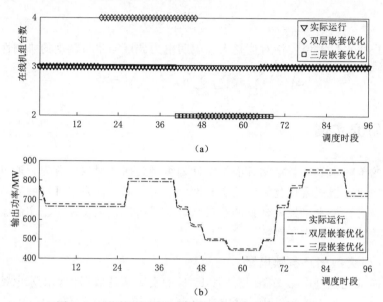

图 3.3　不同调度情景在线机组台数与输出功率对比

（注：图 3.3 中双层嵌套优化为：外层优化系统输出功率以及机组开机台数，内层优化负荷分配策略。

三层嵌套优化为：外层优化系统输出功率，中层优化机组开机台数，内层优化负荷分配策略）

　　表 3.1 对不同调度方案中的发电计划作了对比。可以看到，采用三层嵌套优化可在较小的耗流量下（579.0 m³/s）获得更大的发电量（16.4×10⁶ kW·h）。相比于实际调度情景和双层嵌套优化情景，发电量提高了 1.86%。并且，三层嵌套优化方案中机组运行时间更短。相对于实际调度情景，机组在线时间降低了约 9.7%。此外，三层嵌套优化与双层嵌套优化程序运行时间均为 7.5 min，寻优时间可以接受。总体而言，采用三层嵌套优化算法得到的发电计划要优于实际调度情景和双层嵌套优化情景，不仅可应对光电预测的不确定性，还可提高水资源利用效率。

表 3.1　　　　　　　　　　不同调度情景下的发电计划对比

评价指标	实际调度	双层嵌套优化	三层嵌套优化
总发电量/（×10⁶ kW·h）	16.1	16.1	16.40
平均耗流量/（m³/s）	579.3	579.3	579.0

续表

评价指标	实际调度	双层嵌套优化	三层嵌套优化
水能转换效率系数/(kW·h/m³)	0.278	0.278	0.284
机组在线时间/h	72	74.5	65
程序运行时间/min	—	7.5	7.5

图 3.4 给出了当 $R_c=1$ 时的水光互补电站发电计划示意图。互补发电计划特征描述如下：夜间光电出力为 0 时，各台水电机组出力均为确定性值；当白天光电出力无法准确预测时，互补系统输出功率以及机组开机台数为确定值，水电机组出力随实际光电出力变化而变化，二者之和等于所确定的输出功率。利用这种方式可以较好地应对光电出力预测的不确定性。研究中发电计划曲线的形状（互补系统的出力送出方式）取决于负荷特性约束，该约束反映了互补系统在整个电力系统中的工作位置，如承担峰荷、腰荷、基荷。随着系统研究规模的扩大，应考虑整个系统的电站构成以及全网的负荷特性综合确定，如常用的余留负荷平方和最小模型[100]。

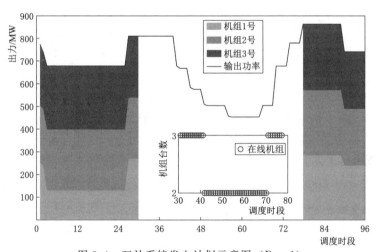

图 3.4　互补系统发电计划示意图（$R_c=1$）

（注：参数 R_c 表征典型日负荷曲线与互补系统输出功率曲线的线性相关系数阈值）

3.4.3　日前发电计划有效性评估

图 3.5 绘制了不同 R_c 值（0.85，0.90，0.95）下 20 组发电计划评价指标（日发电量、耗流量差值，水能转化系数）的箱状图。

从图 3.5 可知，R_c 值越大，日发电量 E 以及水能转化效率系数 η_{out} 的变幅逐渐缩小。因为互补系统总发电量不仅与水电站厂内经济运行方式（机组状态、负荷分配策略）有关，同时还与互补系统的出力送出方式（即输出功率曲

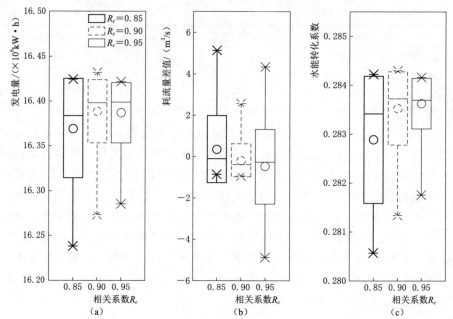

图 3.5　不同 R_c 值下多重近似发电计划评价指标箱状图

（注：箱体中横线代表中位数，圆圈为均值，箱体宽度对应均值±标准差，上边缘和
下边缘分别为最大值和最小值，上下叉号代表 99% 和 1% 分位数）

线）有关。在不同的发电计划中，内层经济运行策略均由 DP 提供，机组运行效率差异不大。因此，R_c 值越大，输出功率曲线的差异性越小，发电量 E 和水能转化系数 η_{out} 也越接近。另外，在发电计划编制过程中，与设定的目标耗流量（579.3m³/s）相比，最大耗流量偏差为 5.14m³/s，约占目标耗流量的 0.9%，低于流量误差允许上限（1%）。因此，利用所提出的模型和方法制订发电计划能较好地满足水量调度要求，与流域水资源综合利用相协调。

3.4.4　系统输出功率柔性决策区间描述

图 3.6 给出了不同 R_c 值下互补系统的输出功率曲线。从图 3.6 可以看出，当 $R_c < 1$ 时，可生成多条典型日负荷曲线的近似解。近似解的基本形状与典型日负荷曲线相同，但在细节方面存在差异，利用这种特性可以制订出多组发电计划，使得向电网建议发电计划时存在多种近似方案供决策者参考，因而进一步提高发电计划被电网接收的可能性。在实际调度过程中，调度员可根据电站历史运行情况先确定次日的负荷特性曲线，在此基础上，考虑负荷特性曲线的不确定性，拟定多组发电计划上报电网。

为进一步提高调度的灵活性，图 3.7 给出了不同 R_c 值下系统输出功率及其决策区间。由图 3.7 可知，R_c 值越大，决策区间范围越小，表明灵活性越弱，结果与图 3.5 的分析结果相一致。制定决策区间的出发点在于，最优解附

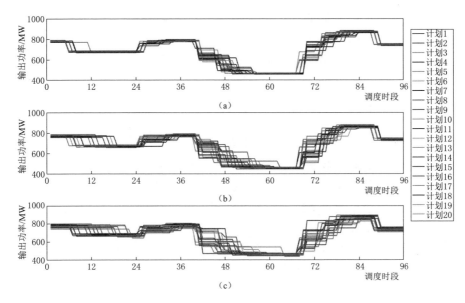

图 3.6 不同 R_c 值下互补系统多重临近发电计划曲线

（a）$R_c=0.95$；（b）$R_c=0.90$；（c）$R_c=0.85$

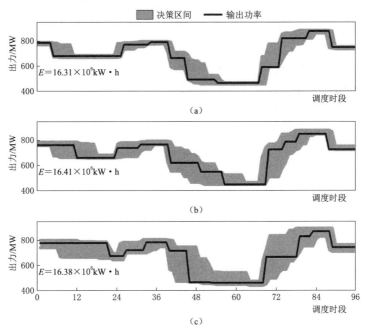

图 3.7 不同 R_c 值情景下系统输出功率及决策区间

（a）$R_c=0.95$；（b）$R_c=0.90$；（c）$R_c=0.85$

（注：决策区间由多条近似发电计划曲线的上下包线构成，实线对应发电量最大的发电计划）

近通常存在多重近似最优解。利用该特性，可由传统的单一决策转向区间决策，从而提高调度的灵活性。从另外一个角度，在该区间内进行决策，可在保证互补系统运行效益的前提下更好地应对电网负荷的不确定性。

3.5　本章小结

本章对水光互补电站日前发电计划编制问题作了研究。建立了耦合厂内经济运行模块的双层规划数学模型。其中，上层模型优化系统输出功率使得互补系统在满足一定负荷特性条件下发电量最大；下层模型在给定系统输出功率下，优化机组状态以及负荷分配策略，使得水电站耗水量最小。该双层规划模型中系统输出功率和机组状态为鲁棒优化变量，可应对光伏出力预测的不确定性。为实现该模型的有效求解，将发电计划编制问题解耦成三个相互关联的子问题（确定系统输出功率、确定机组状态、确定机组间负荷分配），并分别采用启发式算法、智能算法及动态规划在递阶结构下求解。最后，通过对负荷特性约束进行松弛，可得到发电计划的多重近似最优解以及系统输出功率的柔性决策区间。实例研究表明：

（1）提出双层规划模型和三层嵌套优化算法能在可接受的时间内得到合理的调度计划，相比于实际调度情景，优化调度情景总发电量提高了 1.9%，机组在线时间降低了 9.7%。

（2）发电计划编制过程中，系统总发电量不仅与水电站实时经济运行方式有关，还与系统出力送出方式有关。

（3）系统输出功率与典型日负荷曲线的相关性越大，发电计划对应的总发电量变幅越小，系统输出功率的决策区间越窄，表明灵活性越弱。

第4章

基于显随机优化的水光互补
电站中长期优化调度研究

　　光伏发电不仅在短时间尺度上具有剧烈的随机波动性，而且在中长期尺度上亦具有一定的季节性，比如具有汛期电量大、非汛期电量小、年际电量变化不大等特点。此时，如何将长期时段的可用水量最优分配到各月（旬），以满足对各月（旬）光伏出力的补偿调节，从而提高整个系统的运行性能和效益？考虑到中长期调度是短期调度的边界条件，合理的中长期调度既可保证系统的长期运行性能，又可降低系统的短期运行风险。因此，本章对水光互补系统的中长期优化调度问题展开研究。

　　水光互补中长期调度的难点之一就是如何处理系统中所涉及的不确定性。作为互补调度模型的输入，入库径流和光伏出力对调度规则的制订影响巨大。天然径流和光伏出力在中长期尺度上依然具有较强的随机性，不可避免地会给调度决策带来不确定性。同时，入库径流和光伏出力均受到气象因素的影响，二者之间可能存在某种复杂的关联[204]。相比于传统水电站调度，以上因素使得水光互补电站的运行调度变得更为复杂。在水光互补中长期调度模型中，如何应对径流和光伏出力的不确定性是目前亟待解决的问题。

　　显随机优化方法是水库调度领域常用的一种处理不确定性的优化方法，其中以随机动态规划（stochastic dynamic programming，SDP）方法最为经典[205]。在 SDP 方法中，通常使用概率描述的方法来表征输入的不确定性，即从已知的概率分布中抽样获得若干特征离散值来代表不确定性[206]。然而，现有研究中尚未将 SDP 方法应用到水光互补电站中长期调度中。

　　本章在水光互补电站的中长期调度问题中同时考虑入流和光伏出力的不确定性，以 SDP 方法为基础，提出了水光互补中长期随机优化调度的框架。基于水光互补电站的调度模式、随机因素类型、入流和光伏出力之间的关系为依据，提出和对比了四种随机优化方案，以验证水电和光伏发电进行中长期互补调度的必要性，基于显随机优化方法实现在水光互补电站的互补调度中同时考虑入流和光伏出力的不确定性，以及探讨入流和光伏出力之间的关系对互补调度结果的影响。技术路线图如图 4.1 所示。

　　（1）建立水光互补中长期优化模型。以总发电量最大和总发电保证率最大为目标函数，考虑水电站、光伏电站、电网传输等约束。

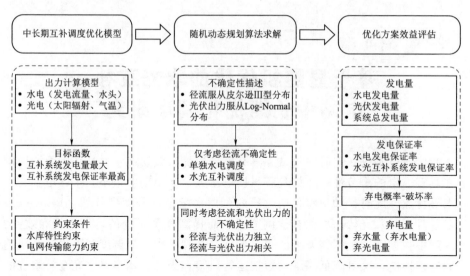

图 4.1　水光互补中长期调度技术路线图

（2）以随机动态规划算法为基础，提出 4 种中长期随机优化方法。其中入流和光伏出力的不确定性由概率分布函数表征，决策变量（末库容）是初始库容、入流和光伏出力的函数。

（3）提出多项指标对各个随机优化方法的调度效果进行评价和对比，包括发电量、发电保证率、破坏率、弃电量等。

4.1　中长期优化模型

中长期优化调度需要充分利用资源效率以提高整个系统的发电量，同时保证系统的供电可靠性。为此，建立水光互补中长期优化调度模型。

4.1.1　目标函数

（1）目标 1：总发电量最大。

$$\max EP = \sum_{t=1}^{T} (P_t^{\mathrm{h}} + P_t^{\mathrm{s}}) \Delta T \tag{4.1}$$

（2）目标 2：总发电保证率最高。

$$\max ER = 1 - \frac{\#(P_t^{\mathrm{h}} + P_t^{\mathrm{s}} < P_{\mathrm{firm}}^{\mathrm{hs}})}{T} \tag{4.2}$$

式中：EP 为调度期内互补系统的总发电量；t 为中长期调度时段编号；T 为总调度时段数；ΔT 为调度时段长；P_t^{h} 为时段内水电平均出力；P_t^{s} 为时段内光电平均出力；ER 为发电保证率；$P_{\mathrm{firm}}^{\mathrm{hs}}$ 为互补系统总保证出力；

＃ $(P_t^h + P_t^s < P_{firm}^{hs})$ 为整个调度期内互补电站总出力小于保证出力的调度时段数。

为便于模型求解，利用约束法将上述多目标优化问题转化成单目标优化问题进行求解。考虑到发电保证率与保证出力的对应关系。上述多目标优化模型可改写为兼顾保证出力的发电量最大模型，目标函数为

$$\max EP = \sum_{t=1}^{T}(P_t^h + P_t^s)\Delta T - g(P_t^h) \tag{4.3}$$

$$g(P_t^h) = \begin{cases} \varphi[P_t^h - (P_{firm}^{hs} - P_t^s)], P_t^{hs} < P_{firm}^{hs} \\ 0, P_t^{hs} \geqslant P_{firm}^{hs} \end{cases} \tag{4.4}$$

式中：$g(P_t^h)$ 为惩罚函数；φ 为惩罚系数，一般通过试错法确定。

由于光电是不可调度的，水光互补电站的总发电保证率是通过调节水电出力来实现的。

4.1.2 发电量计算

(1) 水电出力 P_t^h 按照式 (4.5) 计算：

$$P_t^h = 9.81 \eta R_t H_t \tag{4.5}$$

式中：η 为水电站综合效率系数；R_t 为第 t 个调度时段内通过水轮机的发电流量；H_t 为发电平均水头。

H_t 可进一步表示为

$$H_t = Z_t^{up} - Z_t^{down} - H_t^{loss} \tag{4.6}$$

式中：Z_t^{up}、Z_t^{down}、H_t^{loss} 分别为第 t 时段坝前平均水位、平均尾水位以及水头损失。

(2) 光电出力 P_t^s 按照式 (4.7) 计算：

$$P_t^s = P_{cap}^s \left(\frac{SR_t}{SR_{stc}}\right)[1 + \alpha_p(T_{pan,t} - T_{stc})] \tag{4.7}$$

式中：P_{cap}^s 为光伏电站装机容量；SR_t 为太阳辐射强度；$T_{pan,t}$ 为太阳能电池板温度；SR_{stc}、T_{stc} 分别为标准测试条件下的太阳辐射强度和气温，其值分别为 $1000W/m^2$ 和 $25℃$；α_p 为气温功率转换系数，取 $-0.35\%/℃$。

由于气象站通常无法直接提供太阳能电池板的温度数据，可将气象站提供的气温换算为太阳能电池板温度，如下：

$$T_{pan,t} = T_{air,t} + \frac{SR_t}{SR_{stc}}(T_{noc} - T_{stc}) \tag{4.8}$$

式中：$T_{air,t}$ 为气象站提供的气温；T_{noc} 为正常运行的太阳能电池板温度，通常取 $(48\pm2)℃$。

4.1.3 约束条件

中长期优化模型约束可以分为两类：物理约束和调度约束，具体包括水量

平衡约束、库容约束、发电流量约束、水电出力约束以及电网输送能力约束。

1. 水量平衡约束

$$V_{t+1} = V_t + (I_t - R_t - WP_t)\Delta T \tag{4.9}$$

式中：V_t、V_{t+1} 分别为第 t 个时段水库的初库容和末库容；I_t、R_t、WP_t 分别为水库入库流量、水电站发电引用流量以及弃水流量。

2. 水库库容约束

$$V_t^- \leqslant V_t \leqslant V_t^+ \tag{4.10}$$

式中：V_t^-、V_t^+ 分别为第 t 个调度时段库容下限和上限。

3. 发电流量约束

$$R_t^- \leqslant R_t \leqslant R_t^+ \tag{4.11}$$

式中：R_t^-、R_t^+ 分别为第 t 个调度时段出流下限和上限。

4. 水电出力约束

$$P_t^{h-} \leqslant P_t^h \leqslant P_t^{h+} \tag{4.12}$$

式中：P_t^{h-}、P_t^{h+} 分别为第 t 个调度时段出力下限和上限。

5. 电网输送约束

$$0 \leqslant P_t^{hs} \leqslant P_t^{hs+} \tag{4.13}$$

式中：P_t^{hs+} 为电网最大输送能力约束。

4.2　随机动态规划算法

随机动态规划（stochastic dynamic programming，SDP）也是动态规划的一种，它不同于确定性动态规划，当初始状态和决策确定时，其下一阶段的状态并不是一个确定的值，而是服从一个概率分布。不过，该概率分布仍由当前阶段的状态以及决策完全确定。当系统输入服从某种概率分布时，SDP 是确定状态最优决策的一种有力技术。SDP 的原理是将一个多阶段问题递归分解成多个子问题，这些子问题一旦解决，就被组合成一个整体解决方案[207]。SDP 方法使用情景和概率来描述随机序列，并使所有情景下的期望效益值最大。本章同时考虑入流和光伏出力的不确定性，使用 SDP 方法来推求水光互补电站的中长期互补调度规则。其中，库容作为一个状态变量，用来描述系统状态。为了考虑输入的不确定性，将入流和光伏出力作为附加状态变量添加到递归方程中。在建模过程中，必须将状态变量（包括库容、入流和光伏出力）进行离散化。同时，为了描述输入的连续性和相关性，考虑两个相邻调度时段之间的转移概率，通过计算历史数据落入由离散特征值划分的区间数目而得到。SDP 为每个状态变量的组合生成了对应的调度决策,而不是一条单一的调度线。这里,决策变量(末库容)是状态变量(库容、入流和光伏出力)的函数:

$$V_{t+1} = F(V_t, I_t, P_t^s) \tag{4.14}$$

从理论概率分布中抽样若干离散特征值,用来表示入流和光伏出力的不确定性,即用一系列离散特征值来表示已知的连续概率分布。

假定入流服从皮尔逊Ⅲ型分布,其概率分布函数如下:

$$f(I) = \frac{\beta^\alpha}{\Gamma(\alpha)}(I - a_0)^{\alpha-1} e^{-\beta(I-a_0)} \tag{4.15}$$

式中:$f(I)$ 为径流概率密度;α、β、a_0 分别为形状、尺度、位置参数($\alpha > 0$, $\beta > 0$);$\Gamma(\alpha)$ 为 α 的伽马函数。

通过以下步骤来获得入流的若干特征离散值。首先,使用径流数据来拟合分布以获得参数值;然后,假定有 m_0 个特征离散值,其经验累积概率为:$\frac{1}{m_0+1}, \frac{2}{m_0+1}, \cdots, \frac{m_0}{m_0+1}$;最后,由概率分布函数推求每个经验概率所对应的特征离散值。

假定光伏出力服从 Log-Normal 分布,其概率分布函数如下:

$$f(P^s) = \frac{1}{P^s \sigma_s \sqrt{2\pi}} e^{-\frac{(\ln P^s - \mu_s)^2}{2\sigma_s^2}} \tag{4.16}$$

式中:$f(P^s)$ 为光伏出力概率密度;μ_s、σ_s^2 分别为光伏出力对数的均值和方差。

通过以下步骤来获得入流的若干特征离散值。首先,使用光伏出力数据拟合分布以获得参数值。然后,假定有 n_0 个特征离散值,其经验累积概率为:$\frac{1}{n_0+1}, \frac{2}{n_0+1}, \cdots, \frac{n_0}{n_0+1}$。最后,由概率分布函数推求每个概率所对应的特征离散值。

基于 SDP 的原始形式[205],提出了以下 4 种随机优化调度模型来推求水光互补电站的中长期调度规则。

4.2.1 考虑径流随机性的优化调度模型

考虑随机入流是指在随机优化方法中仅考虑入流的不确定性。根据不同的调度模式提出了如下两种模型。

1. 单独调度

单独调度是指仅对水电站进行优化,水光互补电站的总出力等于水电出力直接加上光伏出力。在 SDP 方法中,考虑随机入流的单独水电优化的递推方程的形式为

$$f_t(V_{t,k}, I_{t,i}) = \max[B_t(V_{t,k}, I_{t,i}, V_{t+1,l})$$
$$+ \sum p(I_{t+1,j} \mid I_{t,i}) f_{t+1}(V_{t+1,l}, I_{t+1,j})] \quad (4.17)$$

式中：$V_{t,k}$ 为第 t 个调度时段内第 k 个特征初始库容；$V_{t+1,l}$ 为第 $t+1$ 个调度时段内第 l 个特征初始库容（也是第 t 个调度时段的末库容）；$I_{t,i}$ 为第 t 个调度时段内第 i 个特征入流；$I_{t+1,j}$ 为第 $t+1$ 个调度时段内第 j 个特征入流；$B_t(\cdot)$ 为第 t 个调度时段内的阶段效益函数；$f_t(\cdot)$、$f_{t+1}(\cdot)$ 分别为第 t 和 $t+1$ 个调度时段内的最优余留效益函数；$p(I_{t+1,j} \mid I_{t,i})$ 为径流的转移概率，代表从第 t 个调度时段内的第 i 个特征入流值转移到第 $t+1$ 个调度时段内的第 j 个特征入流值的概率。

2. 互补调度

互补调度是指将入流和光伏出力均考虑到随机优化中来，优化水光互补电站，总出力等于由随机优化方法所推求的水电出力加上光伏出力。在递归方程中加入每个调度时段光伏出力（视为确定性光伏出力）。在 SDP 方法中，考虑随机入流和确定性光伏出力的互补优化的递归方程的形式为

$$f_t(V_{t,k}, I_{t,i}) = \max[B_t(V_{t,k}, I_{t,i}, V_{t+1,l}, P_t^s)$$
$$+ \sum p(I_{t+1,j} \mid I_{t,i}) f_{t+1}(V_{t+1,l}, I_{t+1,j})] \quad (4.18)$$

式中：P_t^s 为第 t 个调度时段内的多年平均光伏出力。

4.2.2　考虑入库径流和光伏出力随机性的优化调度模型

考虑随机入流和光伏出力是指在随机优化方法中同时考虑入流和光伏出力的不确定性。随机入流和光伏出力都加入随机优化模型中来，优化对象为水光互补电站。根据入流和光伏出力的不同关系提出了两种模型。

1. 入库径流和光伏出力相互独立

假设入流和光伏出力是相互独立的，入流的转移概率乘以光伏出力的转移概率即相邻时段的入流和光伏出力的转移概率。在 SDP 方法中，考虑随机入流和光伏出力的互补优化的递归方程形式为

$$f_t(S_{t,k}, I_{t,i}, P_{t,u}^s) = \max \begin{bmatrix} B_t(S_{t,k}, I_{t,i}, S_{t+1,l}, P_{t,u}^s) + \\ \sum p(I_{t+1,j} \mid I_{t,i}) p(P_{t+1,v}^s \mid P_{t,u}^s) \times \\ f_{t+1}(S_{t+1,l}, I_{t+1,j}, P_{t+1,v}^s) \end{bmatrix} \quad (4.19)$$

式中：$P_{t,u}^s$ 为第 t 个调度时段内的第 u 个特征光伏出力；$P_{t+1,v}^s$ 为第 $t+1$ 个调度时段内的第 v 个特征光伏出力；$p(P_{t+1,v}^s \mid P_{t,u}^s)$ 为光伏出力的转移概率，代表从第 t 个调度时段内的第 u 个特征光伏出力转移到第 $t+1$ 个调度时段内的第 v 个特征光伏出力的概率。

2. 入库径流和光伏出力相关

假设入流和光伏出力是相关的，相邻时段的入流和光伏出力的转移概率等

于在相邻时段内发生某种入流和光伏出力的组合的概率。在 SDP 方法中，考虑相关的入流和光伏出力的互补优化的递归方程的形式为

$$f_t(S_{t,k}, I_{t,i}, P_{t,u}^s) = \max[B_t(S_{t,k}, I_{t,i}, S_{t+1,l}, P_{t,u}^s)$$
$$+ \sum p(I_{t+1,j}, P_{t+1,v}^s | I_{t,i}, P_{t,u}^s) f_{t+1}(S_{t+1,l}, I_{t+1,j}, P_{t+1,v}^s)]$$

$$(4.20)$$

式中：$p(I_{t+1,j}, P_{t+1,v}^s | I_{t,i}, P_{t,u}^s)$ 为入流和光伏出力的组合转移概率，代表在第 t 个调度时段内发生第 i 个特征入流值和第 u 个特征光伏出力时，在第 $t+1$ 个调度时段内发生第 j 个特征入流值和第 v 个特征光伏出力的概率。

表 4.1 总结了这 4 种随机优化调度模型的区别。

表 4.1   4 种随机优化调度模型对比

模 型	区别	优化对象	确定性输入	随机性输入	状态变量	决策变量	转移概率对象
考虑径流随机性的优化调度模型	单独调度	水电站	光伏出力	入流	初始库容	末库容	相邻时段入流
	互补调度	水光互补电站	光伏出力	入流	初始库容入流	末库容	相邻时段入流
考虑径流和光伏出力随机性的优化调度模型	入库径流与光伏出力独立	水光互补电站	—	入流光伏出力	初始库容入流光伏出力	末库容	相邻时段入流相邻时段光伏出力
	入库径流与光伏出力相关	水光互补电站	—	入流光伏出力	初始库容入流光伏出力	末库容	相邻时段入流光伏出力

4.3 研究实例

以龙羊峡水光互补电站中长期调度为研究对象，通过 SDP 方法构建 4 种随机优化调度模型，论证两个核心问题：一是为何要进行多能互补调度；二是在构建优化调度模型时是否要考虑径流与光伏出力的相关性。

4.3.1 资料数据

本节使用 1959—2010 年的月平均入库径流和光伏出力数据来驱动中长期优化调度模型。径流资料来自唐乃亥水文站的观测资料。西宁站的日太阳辐射数据和共和县的日平均气温数据来自国家气象科学数据中心。根据公式计算出每日的光伏出力，进而转换成光伏月平均出力。为验证所提出方法的适用性和

稳健性，将资料分为率定期和检验期两段，分别是 1959—1998 年和 1999—2010 年。

图 4.2（a）是径流资料的箱型图，从图中可以看出径流有明显的年内和年际变化，汛期是从 7 月到 10 月。率定期内的均值和方差分别是 683 m^3/s 和 529 m^3/s，检验期内的均值和方差分别是 554 m^3/s 和 430 m^3/s。图 4.2（b）是光伏出力的箱型图，从图中可以看出光伏出力的变化较小，率定期内的均值和方差分别是 173 MW 和 51 MW，检验期内的均值和方差分别是 168 MW 和 51 MW。

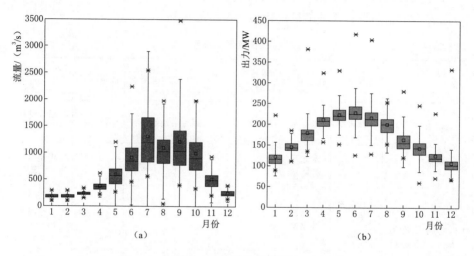

图 4.2 数据的箱型图

（a）径流；（b）光伏出力

为便于开展后续研究，须确定月光伏出力的分布类型，并计算月入库流量和光伏出力的相关系数。根据之前的研究[208-210]，月光伏出力可能服从多种分布类型，这里选择了 Normal、Log-Normal、Weibull 分布——去拟合。表 4.2 列出了拟合各个分布类型的均方根误差，可见 Log-Normal 分布拟合最佳。表 4.3 列出了三种相关系数，发现月入库径流和光伏出力的相关性很弱，且多是负相关，也验证了二者的互补性[211]，其中在 1 月、2 月、6 月相关性较显著，其他月份不显著。

表 4.2　　　　　　　　不同分布类型的均方根误差

月份	Weibull	Normal	Log-Normal
1	19.17	16.97	15.93
2	3.51	2.27	2.15
3	23.52	21.95	21.60

续表

月份	Weibull	Normal	Log-Normal
4	14.10	12.41	12.01
5	11.47	9.91	9.51
6	21.33	19.81	19.25
7	21.06	19.18	18.51
8	4.81	2.51	2.32
9	16.13	13.62	12.35
10	12.34	11.25	10.70
11	15.33	13.92	13.41
12	27.68	26.27	25.99

表 4.3　　　　　　　月平均入流和光伏出力的相关系数

月份	Pearson 相关系数	Spearman 相关系数	Kendall 相关系数
1	−0.368	−0.335	−0.238
2	−0.348	−0.297	−0.208
3	−0.036	−0.101	−0.064
4	0.003	−0.009	−0.003
5	0.182	0.127	0.085
6	−0.315	−0.369	−0.263
7	−0.109	−0.255	−0.171
8	0.020	0.002	0.017
9	−0.192	−0.088	−0.059
10	−0.193	−0.195	−0.142
11	−0.036	−0.041	−0.027
12	−0.145	0.014	0.005

4.3.2　方案设置

设置以下 4 种方案进行对比。

方案 1：对水电站单独进行随机优化，直接加上光伏出力。

方案 2：对水光互补电站进行随机优化，且考虑随机的入流和确定的光伏出力。

方案 3：对水光互补电站进行随机优化，且考虑相互独立的随机入流和随机光伏出力。

方案 4：对水光互补电站进行随机优化，且考虑相关的随机的入流和随机光伏出力。

通过对比方案 1 和方案 2 来验证在中长期调度中进行水电和光电的互补调

度的必要性；通过对比方案 2、方案 3 和方案 4 说明在中长期互补调度中考虑入流和光伏出力的不确定性必要性；通过对比方案 3 和方案 4 来探讨如何处理入流和光伏出力之间的关系。

4.3.3　评价指标

使用以下评价指标来对不同调度情景进行评价：

（1）水电量 EP^h：指通过水轮机所发的电量。

（2）光电量 EP^s：指光伏面板所发的电量，二者之和为总电量 EP。

（3）水电保证率 ER^h：指水电站的发电保证率。

（4）总发电保证率 ER：指水光互补电站的发电保证率。

（5）破坏率 DR：指互补电站总出力大于最大传输能力的时段数占总调度时段数的比例。

（6）弃水量 WP：指在整个调度期内的弃水量，等于水库总出库水量减去水电站总发电水量。

（7）弃水电量 WE：指弃水量所对应的弃电量。

（8）弃光电量 PP：指光伏电站在整个调度期内总弃电量，等于可能产生的光电量减去并入电网的光电量。

需要指出的是，产生弃水和弃光电的原因如下：水电站装机容量为 1280 MW，而电网的最大传输能力为 1400 MW。当水电站出力大于水电装机容量时，会产生弃水。由于在模拟调度中优先将水电并入电网中，当光伏出力大于最大传输能力与水电站出力的差值时，便会导致弃光。

4.3.4　参数设置

在本案例研究以月为调度时段，模拟调度的起调水位为 2575 m，汛期和非汛期的水位上界分别是汛限水位（2597 m）和正常蓄水位（2600 m）。水光互补电站保证出力设置为 760 MW，电网最大输送能力为 1400 MW。在随机优化方案中，3 个状态变量均被离散化。考虑到汛期和非汛期的可用库容范围不同，非汛期的可用库容被离散为 100 个值，汛期为 89 个值。径流和光伏出力的离散数目会对 SDP 的结果产生较大的影响[212]，对于某一特定长度的数据资料而言，较少的离散数目不能代表数据的范围，而过多的离散数目会使得转移概率矩阵中多项为 0，降低转移概率矩阵的有效性[213]。通过大量的试验，即假定入流的离散数目可能为 5～11，光伏出力的离散数目可能为 2～9，根据总发电量指标，确定入流和光伏出力的最佳离散数目。

在不同离散数目的径流情形下，方案 1 和方案 2 的结果如图 4.3 所示，可以看出方案 1 和方案 2 中径流的最佳离散数目分别为 6 和 7，即较大的离散数目不一定产生更好的结果。因为历史数据长度有限，当离散数目过多时，转移概率矩阵中多项值等于 0，从而影响调度规则的质量。图 4.4 显示了在不同离散数目的入流和光伏出力的情形下，方案 3 和方案 4 的优化调度结果。对于方案 3，径流和光伏出力的最佳离散数目分别是 6 和 7。对于方案 4，径流和光伏出力的最佳离散数目分别是 5 和 2。因此，最佳离散数目取决于历史系列长度和变量数值的范围。需说明的是下面章节讨论的优化结果是各方案在最优离散值下的最佳结果。

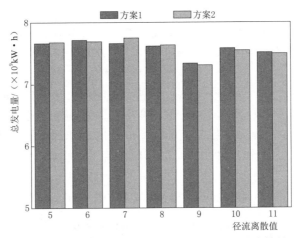

图 4.3　不同径流离散值下方案 1 和方案 2 的调度结果

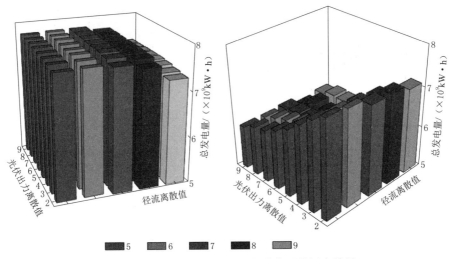

图 4.4　不同径流和光伏出力离散值下的调度结果

(a) 方案 3；(b) 方案 4

4.4　结果分析及讨论

使用 Fortran90 编程，使用率定期的数据求出各个方案的调度规则时，方案 1～方案 4 的计算效率分别为 95.6s、117.0s、608.7s 和 74.7s。根据如上推求的 4 种随机优化调度规则，分别模拟率定期和检验期的调度过程。为了比较和评估所提出调度规则的性能，基于常规调度图对水电站进行了模拟调度，每个调度时段的总出力等于该时段内水电出力和光伏出力的总和，并考虑了 4.1 节中优化模型的所有约束条件。将常规调度结果作为比较其他方案的基准值。

表 4.4 列出了率定期内 4 种方案的模拟调度结果。图 4.5 比较了率定期内不同方案的年平均调度过程。从总发电量和总发电保证率来看，除方案 4 外所有优化方案均优于常规方案。与基准值相比，方案 1～方案 4 分别增加总发电量 2.12%、2.65%、3.18% 和 −1.46%，增加总发电保证率 −6.25%、10.39%、10.63% 和 −6.04%。表 4.5 列出了检验期内 4 种方案的模拟调度结果。图 4.6 比较了检验期内不同方案的年平均调度过程。这 4 个方案的结果均优于常规调度的结果。方案 1～方案 4 与基准值相比，总发电量分别增加 3.92%、6.14%、6.66% 和 0.5%，总保证率分别增加 15.28%、27.09%、22.92% 和 9.73%。检验期的水电量、光电量和总发电量的值远低于率定期，这主要是因为在检验期内径流减少。以下章节详细比较了率定期和检验期的结果。

表 4.4　　　　　　　　　　　不同方案在率定期的结果对比

方案	水电量/(亿 kW·h)	光电量/(亿 kW·h)	总电量/(亿 kW·h)	水电保证率/%	总发电保证率/%	破坏率/%	弃水/(m³/s)	弃水电量/MW	弃光电量/MW
常规	60.60	14.90	75.50	70.21	68.33	6.67	33.97	38.50	35.85
1	60.50	14.60	77.10	84.17	62.08	9.58	30.75	34.76	73.62
2	62.70	14.80	77.50	80.21	78.72	7.92	39.54	33.26	54.84
3	63.20	14.70	77.90	80.42	78.96	8.96	31.61	35.57	62.71
4	59.50	15.00	74.40	69.58	62.29	5.21	19.58	21.54	32.57

表 4.5　　　　　　　　　　　不同方案在检验期的结果对比

方案	水电量/(亿 kW·h)	光电量/(亿 kW·h)	总电量/(亿 kW·h)	水电保证率/%	总发电保证率/%	破坏率/%	弃水/(m³/s)	弃水电量/MW	弃光电量/MW
常规	43.90	14.70	58.60	19.44	13.19	0	0	0	0
1	46.30	14.70	60.90	34.72	21.53	0	0	0	0
2	47.50	14.70	62.20	46.53	23.61	0	0	0	0
3	47.80	15.10	62.50	42.36	25.00	0.007	22.36	23.68	4.46
4	44.30	14.70	58.90	29.17	22.22	0	49.64	40.76	0

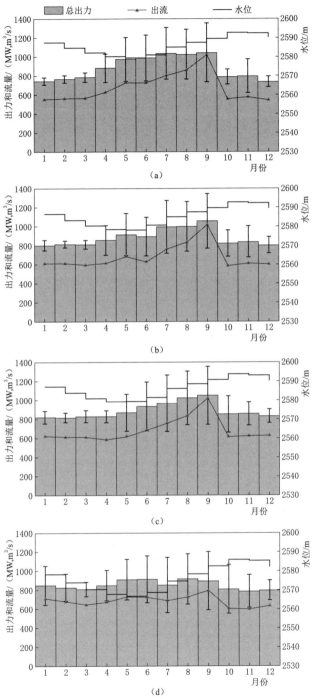

图 4.5　率定期内四个方案的调度结果

（a）方案 1；（b）方案 2；（c）方案 3；（d）方案 4

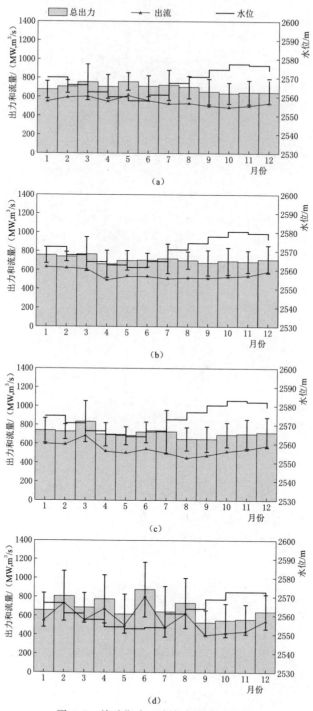

图 4.6　检验期内四个方案的调度结果

（a）方案 1；（b）方案 2；（c）方案 3；（d）方案 4

4.4.1　互补调度的必要性

本节详细对比方案 1 和方案 2，以论证互补调度的必要性。

在率定期，以方案 1 为比较基准，方案 2 中两个指标（总发电量 EP、总发电保证率 ER）增加，两个指标（破坏率 DR、弃光电量 PP）降低，这说明互补调度的结果优于直接将水电量和光电量相加，且提高了光资源的利用率。从图 4.5（a）、（b）可以看出，方案 2 的总出力过程比方案 1 的高，从误差线可以看出在互补调度中总出力的波动较小。方案 1 仅优化水电，水电出力以 589.8 MW 进行惩罚，而方案 2 优化水光互补电站，优化模型中的目标函数 2 通过罚函数的形式来实现，在惩罚时惩罚基准值会随着当月的平均光伏出力而变化，即水电站最小出力要求随光伏出力变化而变化。因此，方案 2 中水电出力波动较大，充分发挥了水电的灵活性，导致水电量 EP^h 增加，而水电站发电保证率 ER^h、弃水量 WP 和弃水电量 WE 降低。

在检验期，从图 4.6（a）、（b）可以看出方案 2 的调度运行水位比方案 1 的高，这有利于提高水能利用率。因为在检验期内径流量较小，故没有产生弃水和弃水电量，总出力也没有超过最大传输能力。

因此，通过对比方案 1 和方案 2 证明了在中长期尺度上实行水光互补运行的必要性和优越性。

4.4.2　考虑随机入流和光伏出力的重要性

本节详细对比方案 2 和方案 3，以论证考虑径流与光伏出力随机性的重要性。

在率定期，方案 3 的总发电量和总保证率最大，这证明需要同时考虑入流和光伏出力的不确定性，此时认为，入流和光伏出力是相互独立的。方案 2 和方案 3 以不同方式来处理光伏出力。方案 2 考虑了每个月的平均光伏出力（被定义为确定性的光伏出力），然而方案 3 考虑了每个月的各种可能的光伏出力，调度决策（末库容）较高，使得水库维持高水头运行，从而产生更大的水电量和总发电保证率，但同时导致了更多的弃水，这一现象由总发电量 EP、发电保证率 ER、弃水量 WP 和弃水电量 WE 几个指标的增加反映出来。从图 4.6（b）、（c）可以看出，方案 3 中的总出力和运行水位高于方案 2，导致方案 3 的出力变化略微剧烈。此外，在模拟调度时，水电优先被并入电网中。因此，与方案 2 相比，方案 3 中较少的光伏发电被并入电网中，这一现象由破坏率 DR、弃光电量 PP 的增加反映出来。

与率定期相比，检验期间的结果有以下不同。检验期的入流较小，导致水力发电量减少，同时使得更多的光伏发电可以被并入电网中以增加总发电量。因此，方案 3 中的光伏发电量大于方案 2。此外，方案 3 中考虑了光伏出力的不确定性，这意味着将根据随机的光伏出力动态地惩罚水电出力，故方案 3 所产生的调度规则造成水库难以满足水电站的保证出力，因此方案 3 的水电保证率 ER^h 比方案 2 的小。然而，因为率定期内流量较大，并没有产生这一现象。

因此，对比方案 2 和方案 3 证明了在中长期调度中考虑随机入流和光伏出力的重要性。

4.4.3　入流和光伏出力的关系

本节详细对比方案 3 和方案 4。在率定期，方案 4 的总发电量和总发电保证率最低，几乎没有弃电，并且由于水电量的下降，光伏发电量提高。在检验期，方案 4 中调度运行水位相当低，产生的弃水量远远高于方案 3。从率定期的图 4.5（c）、（d）和检验期的图 4.6（c）、（d）可以看出，方案 4 的运行水位很低，出力过程波动大。方案 4 的结果较差归因于以下几个方面。首先，方案 4 中假设入流和光伏出力是相关的，但是，根据表 4.3 中列出的相关系数可以看出，入流和光伏出力的相关性较弱，仅在 1 月、2 月和 6 月的相关性显著，在其他月份的相关性不显著。因此，在递归计算中，入流和光伏出力可以认为是不相关的，即入流和光伏出力之间的弱相关性与方案 4 的假设不一致。其次，历史数据的缺乏影响转移概率矩阵的有效性。通过统计落入由离散特征值划分的间隔的历史数据的数量来求出两个相邻调度时段间的转移概率矩阵，当将入流离散化为 5 个特征值且将光伏出力离散化为 2 个特征值时，两个相邻调度时段内的转移概率矩阵具有 100×100 的维度。当使用率定期内 40 年的历史数据来求转移概率矩阵时，转移概率矩阵中许多元素等于 0，这严重影响了递归计算的结果。然而，独立可以看作相关的极端情况，假设有足够多的数据，方案 4 中转移概率矩阵的有效性会提高，方案 4 的结果也会变得更好，方案 3 和方案 4 之间的差距将会减小。

因此，方案 3 和方案 4 的对比说明在本案例的中长期调度中应当认为入流和光伏出力是相互独立的。

4.4.4　典型年的调度情况

选择三个典型年份来比较以上 4 种不同的调度方案，包括 1964 年（月平均流量为 $756\mathrm{m}^3/\mathrm{s}$）、1980 年（月平均流量为 $626\mathrm{m}^3/\mathrm{s}$）和 1969 年（月平均流量为 $526\mathrm{m}^3/\mathrm{s}$）。这些年份径流量的经验概率依次接近 25％、50％和 75％，分别代表丰水年、平水年、枯水年。在 4 种随机优化方案下，每一个典型年的调度过程如图 4.7～图 4.9 所示。图中的光伏出力指的是最终被并入电网中的那部分出力。在丰水年，方案 1～方案 3 的总出力过程非常相似，特别是在汛期。但是方案 3 的出力过程更为平滑，有利于电网的稳定性。方案 4 在 1 月的出力最大，这可能是受到上一年最后一个月的调度情况的影响。因为这里是将整个调

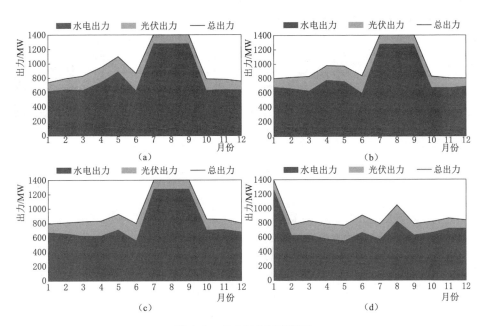

图 4.7　丰水年的调度结果

（a）方案 1；（b）方案 2；（c）方案 3；（d）方案 4

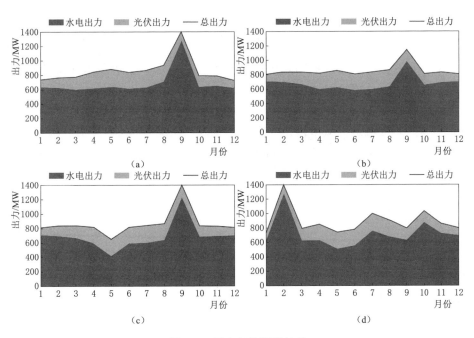

图 4.8　平水年的调度结果

（a）方案 1；（b）方案 2；（c）方案 3；（d）方案 4

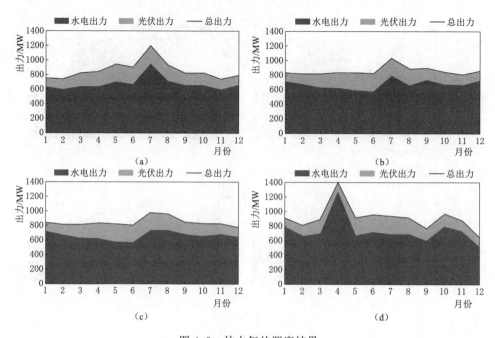

图 4.9　枯水年的调度结果

(a) 方案 1；(b) 方案 2；(c) 方案 3；(d) 方案 4

度时段内进行长系列模拟调度，而不是每年都使用相同的起始水位。因此，前期的调度情况对后期有相当大的影响。在平水年，随着汛期流量的增加，9 月的出力达到峰值，方案 4 的结果依旧不理想。在枯水年，由于入流量的减少，水电量降低，光伏发电量的比重增大。

在本案例研究中，水电在水光互补电站中发挥着主导作用，径流情形决定着水电量，也影响着并入电网的光电量。径流和光伏的互补性不强，有两点原因：①龙羊峡水电站是一个多年调节水电站；②水电量和光电量的量级差别较大。

4.5　本章小结

本章研究了水光互补电站的中长期随机优化调度问题，同时考虑了入流和光伏出力的不确定性。以总发电量和总发电保证率最大为目标建立中长期优化模型，并提出了 4 种随机优化方案，使用随机动态规划方法求出调度规则。根据中国龙羊峡水光互补电站的案例研究结果，可以得到以下结论：

（1）水光互补电站的互补调度比水电站的单独调度直接加上光伏出力的效果更好，这证明了中长期互补调度的必要性。

（2）本章提出了一种新颖的中长期互补调度框架，同时考虑了入流和光伏出力的不确定性，这一结果对于指导水光互补电站的中长期规划与管理具有指导意义。同时也证明了同时考虑入流和光伏出力的不确定性可以显著提高调度结果。

（3）因为入流和光伏出力之间的相关性很弱，故当认为两个随机因素是相互独立时，产生最好的调度结果。在龙羊峡水光互补电站的案例研究中，当入流被离散为 6 个特征值和光伏出力被离散为 7 个特征值时，调度结果最优。与常规调度的结果相比，在率定期内总发电量增加了 3.18%，总保证率增加了 10.63%，在检验期内总发电量提高了 6.66%，总保证率提高了 22.92%。

在调度实践中，应当先使用中长期预报方法预测出每个月的入库流量和光伏出力，根据水库当前水位，采用调度规则确定出每个月的调度决策。虽然本章为水光互补电站的中长期互补调度提供了一个框架，但是仍然有许多需要进一步解决的问题，例如如何确定水电和光电并入电网的顺序。此外，在短时间尺度上光伏出力的变化非常显著，应当在随后的中长期调度研究中考虑这一因素。

第5章

考虑短期调度特征的水光互补
电站中长期优化调度研究

水电站（群）中长期优化调度主要研究长期时段（季、年、多年）内水电站最优运行方式的制订和实施问题。其面临的主要难点可归纳为3方面：随机性、多目标及高维性[20,214]。目前，多能互补研究主要集中在规划设计与短期调度方面，而对于中长期调度的研究较少。由于中长期调度通常是短期调度的边界条件，仅依靠短期优化调度成果并不能保证互补系统在长期运行过程中保持效益较优。因此，研究多能互补系统的中长期运行对于促进不同能源间的协同性依然具有十分重要的意义。作为指导互补系统中长期运行的有效工具，互补调度规则的基本形式以及参数率定问题值得进一步探索。

近年来，随着水电和大规模光电联合调度的实施，水光互补系统中长期调度研究逐渐增多[36,91,92]。遗憾的是，现有中长期调度模型通常假定光电和水电在各短期时段内出力相等，无法具体量化调度过程中弃电特征，导致长期调度决策的制订局部最优。根据水电长期调度的边际效用原理可知，水电调度最优运行方式通常呈现出"厚积薄发"的特征，即枯水期以较低的出力运行逐步抬高发电水头，待丰水期来水增多时加大出力运行[215]。然而，这种特征可能并不利于光电并网。因为枯水期水电出力较低时无法完全平抑光电的波动性，汛期水电出力较高时又会挤占光伏发电的空间，两种情况均可导致光伏弃电增多[216]。可见，水力发电与光伏并网之间存在一定的竞争性。为进一步平衡水力发电、光伏并网以及下游供水三者之间的关系，本章提出了考虑短期调度特征的水光互补中长期优化调度框架，通过在中长期调度中考虑水光互补的短期调度特征，进一步实现水量和电量在中长期时段的优化分配，使得互补系统的整体效益尽量最优。水光互补中长期调度技术路线如图5.1所示。

（1）建立水光互补短期模拟调度模型。考虑光电以及负荷的随机特征，模拟水光互补短期调度过程，在此基础上，统计长期时段内水电平均出力以及光电弃电率，据此构造光伏能量损失函数。

（2）在传统水库调度图的基础上，根据调度图分区划分准则以及决策形式，设计出多种水光互补调度图，用于模拟水光互补中长期调度过程，同时拟定调度图待优化参数。

（3）建立水光互补多目标优化调度模型，采用多目标优化算法优化调度图参数，得到问题的非支配解集，并根据决策偏好选出合适参数。

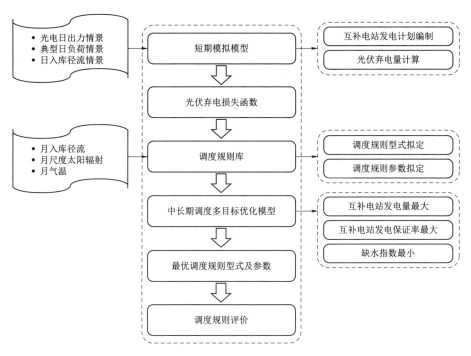

图 5.1　水光互补中长期调度技术路线图

5.1　光伏弃电损失函数构造方法

弃电的本质是"供大于求"，即互补电站的出力大于系统所要求的负荷。图 5.2 显示了多能联合运行过程中弃电和供电不足两种基本情况：当系统总出力大于负荷需求时，产生弃电；当系统总出力小于负荷时，产生电力缺额。

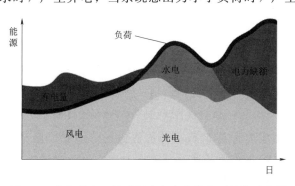

图 5.2　多能联合运行过程中弃电和供电不足的示意图

相比于中长期调度模型，短期模型可考虑水电和光电的日内特性，能较为准确地模拟出光电弃电量。短期调度主要模拟两方面的内容：一是发电计划编制；二是实时经济运行。前者根据长期时段分配给短期时段的水电电量以及光伏发电过程，制定出能反映电力系统需求的负荷曲线；后者根据拟定的负荷曲线以及光伏出力大小，计算水电实际上网出力以及光电弃电出力。需指出的是，这两个过程均是对短期调度的近似模拟，依据的是长期时段的电量平衡以及短期时段的电力平衡。利用短期模拟调度模型，可得到光伏弃电损失函数（PV energy - loss function），以定量表征长期时段水电平均出力与光伏弃电率之间的关系，计算流程如图5.3所示。

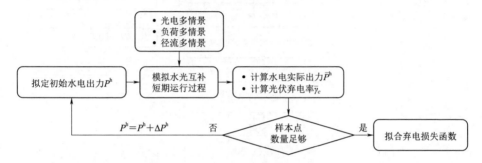

图5.3　光伏弃电损失函数拟定流程

第一步：模拟互补电站日前发电计划编制。假定将长期时段（如月）的总电量平均分配给各短期时段（日），则互补电站一日总计划电量为

$$E_d^{hs} = E_d^h + E_d^s \quad (E_d^{hs} \leqslant E_d^u) \tag{5.1}$$

式中：E_d^{hs} 为互补电站一日计划电量；E_d^h 为水电计划电量，根据长期调度决定；E_d^s 为光电预测电量，模拟时采用历史实际值代替；E_d^u 为互补电站考虑出力送出方式下的日输送电量最大值。

采用典型日负荷曲线对一日计划电量进行分配得到互补电站发电计划，表示为

$$\boldsymbol{P}^{hs} = E_d^{hs} \frac{\boldsymbol{L}}{\overline{L}} = [P_1^{hs}, P_2^{hs}, \cdots, P_T^{hs}] \tag{5.2}$$

式中：$\boldsymbol{P}^{hs}$ 为互补电站的总出力过程；$\boldsymbol{L}$ 为典型日负荷曲线；$\overline{L}$ 为典型日负荷曲线的均值。

第二步：模拟实时经济运行，计算光电的弃电量。由于光电的不可调度性，水电补偿光电的本质上是通过调节自身出力以适应光伏发电的变化，包括出力的上调和下调两种情况。实际调节过程中，水电出力还受制于水资源综合利用约束（如最小下泄流量约束），导致出力无法降低，进而产生弃电。如图

5.4 所示，在水光互补短期调度过程中，考虑了两种基本的弃电情形：（a）水电出力已经达到下限值，无法继续降低出力补偿光电，为了满足发电与负荷间的平衡，必须弃掉部分光电；（b）水电站水库水位已经达到上限值，水电无法继续降低出力补偿光电，为了满足发电与负荷间的平衡，必须弃掉部分光电，如果不弃光电，则会产生额外弃水。

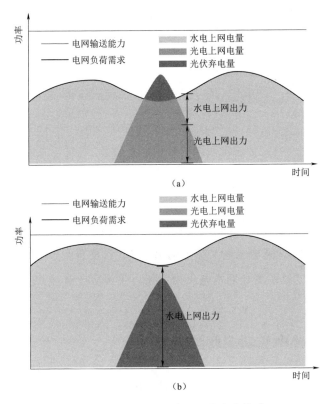

图 5.4　水光互补调度过程中弃电情形

在分析弃电发生原因的基础上，分别从电力和电量的角度，计算互补调度过程中可能的弃电量。

当水库水位未达到上限值时，即水库存在可调节库容，水电出力随光电出力变化而变化，由于水电出力无法继续下降，会产生弃电，计算式为

$$E_d^c = \sum_{t=1}^{T} (P_t^h + P_t^s - P_t^{hs}) \Delta t \tag{5.3}$$

$$P_t^h = \begin{cases} P_t^{hs} - P_t^s, & P_t^{hs} > P_t^s \\ 0, & P_t^{hs} \leqslant P_t^s \end{cases} \tag{5.4}$$

式中：T 为短期调度总时段数；t 为短期调度时段编号；P_t^h、P_t^s 分别为水电

和光电的实际上网出力。

当水库水位达到上限值时，发电流量等于入库流量。此时，互补系统按照最大输送能力发电，水电出力无法降低，若降低出力会产生额外弃水。光伏上网电量取决于水电实际上网电量，可采用电量的形式计算弃电量，如下：

$$E_d^c = E_d^h + E_d^s - E_d^u \tag{5.5}$$

式中：E_d^h、E_d^s 分别为水电和光电的一日实际上网电量。

在模拟模型中，以互补系统日最大输电能力 E_d^u 为分界点，分别采用出力和电量形式计算弃电量，如下：

$$E_d^c = \begin{cases} \sum_{t=1}^{T}(P_t^h + P_t^s - P_t^{hs})\Delta t, E_d^{hs} < E_d^u \\ E_d^h + E_d^s - E_d^u, E_d^{hs} = E_d^u \end{cases} \tag{5.6}$$

光伏弃电率 $\overline{\gamma}_c$ 定义为一定时段内光伏弃电量 E_d^c 与理论发电量 E_d^g 的比值：

$$\overline{\gamma}_c = \frac{E_d^c}{E_d^g} \tag{5.7}$$

针对长期时段某一指定的水电平均出力，考虑多种光电以及出力送出情景，根据公式便可计算出水电实际上网出力 $\overline{P}^h$ 以及光伏弃电率 $\overline{\gamma}_c$，记为样本点 $(\overline{P}^h, \overline{\gamma}_c)$。通过改变长期水电出力，便可生成多个样本点，据此拟合出光伏弃电损失函数。

5.2 水光互补中长期调度图形式

根据调度图区域划分准则以及决策形式，设置了如下6种调度图用于指导水光互补中长期调度，调度图基本形式如图5.5所示，下面对这6种调度图进行描述，具体对比见表5.1。

（1）调度图图5.5（a）、（b）是新设计的调度图，按照可用能量（available energy，AE）将调度图划分为三个区（Zone Ⅰ，Zone Ⅱ，Zone Ⅲ）。决策时根据当前时刻的 AE 分别确定水电站的出力和下泄流量。其中，出力和下泄流量均为常数。

（2）调度图图5.5（c）、（d）是新设计的调度图，在传统调度图的基础上考虑水库入流以及光电出力的预报信息。决策时先计算当前时刻的 AE，然后分别确定水库的出力和下泄流量。其中，出力和下泄流量是 AE 的线性函数。

（3）调度图图5.5（e）、（f）是传统调度图，利用上、下基本调度线将整个调度图划分为3个区（Zone Ⅰ，Zone Ⅱ，Zone Ⅲ），分别对应加大出力/供水区、保证出力/供水区、降低出力/供水区。决策时根据水库当前时刻的水位分别确定水电站的出力和下泄流量。其中，出力和下泄流量均为常数。

图 5.5 （a）～（f）分别代表 6 种不同型式的调度规则，其中，$P_1 > P_2 > P_3$ 分别代表出力；$R_1 > R_2 > R_3$ 分别代表发电流量；AE 为可用能量；$a_{1\sim3}$、$b_{1\sim3}$、$c_{1\sim3}$、$d_{1\sim3}$ 分别为调度规则参数。

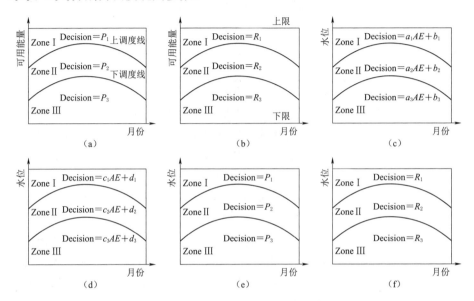

图 5.5 水光互补调度图基本形式

表 5.1　　　　　　　　　　水光互补调度图描述

调度图编号	纵坐标	横坐标	决 策 形 式	
			输入变量	输出变量
图 5.5 （a）	可用能量	月份	可用能量	出力
图 5.5 （b）	可用能量	月份	可用能量	流量
图 5.5 （c）	水位	月份	可用能量	出力
图 5.5 （d）	水位	月份	可用能量	流量
图 5.5 （e）	水位	月份	水位	出力
图 5.5 （f）	水位	月份	水位	流量

5.3　互补调度图多目标优化模型与算法

5.3.1　中长期调度模拟-优化模型

水光互补中长期优化调度的主要目的在于充分利用径流以及光伏出力的季

节性信息，通过调节径流年内和年际分配，在充分利用水能的同时，促进光电的消纳，最终使得整个系统的综合利用效益最大化。本节考虑互补系统水力发电、光伏发电以及供水 3 个基本功能，建立了互补系统发电量最大、发电保证率最高、缺水指数最小多目标优化模型。优化目标如下：

$$\max EP = \sum_{t=1}^{T}(P_t^h + P_t^s - P_t^c)\Delta T \tag{5.8}$$

$$\max ER = 1 - \frac{\#(P_t^h + P_t^s - P_t^c < P_{firm}^{hs})}{T} \tag{5.9}$$

$$\min SI = \frac{100}{T}\sum_{t=1}^{T}\left(\frac{D_t - R_t}{D_t}\right)^2 \tag{5.10}$$

式中：EP、ER、SI 分别为互补系统在整个调度期内的发电量、发电保证率及缺水指数；t、T 分别为长期调度时段编号以及调度总时段数；ΔT 为长期调度时段数；P_t^h、P_t^s、P_t^c 分别为第 i 时段水电平均出力、光伏实际平均出力及光伏弃电出力；P_{firm}^{hs} 为互补系统保证出力；$\#(P_t^h + P_t^s - P_t^c < P_{firm}^{hs})$ 为整个调度期内互补系统净出力低于保证出力的次数；D_i、R_i 分别为水库下游需水以及水库下泄流量。

目标函数 EP、ER、SI 通过在调度图中输入历史入库径流以及光伏出力数据，进行长系列模拟得到。首先，给定水库初始水位；然后，根据水位或可用能量在调度图中所处的位置（Zone Ⅰ，Zone Ⅱ，Zone Ⅲ），选择相应的决策形式进行决策；最后，基于水量平衡方程逐时段递推得到长系列调度过程。

在决策过程中，可用能量 AE_t 由 3 部分构成：水库当前时段可用水量对应的能量、入库水量对应的能量及光电入能，计算式为

$$AE_t = \phi(V_t - V_{min} + I_t\Delta T) + P_t^s\Delta T \tag{5.11}$$

式中：ϕ 为水电站水—能转换系数，根据水电站历史运行数据得到；V_t 为水库时段初库容；V_{min} 为水库死库容；I_t 为水库入流；ΔT 为调度时段长；P_t^s 为光伏电站出力。

光电出力 P_t^s 计算参照国际可再生能源署开发的 HOMER 软件（https：//www.nrel.gov/homer）中光电出力计算式，如下：

$$P_t^s = P_{max}^s\left(\frac{SR_t}{SR_{stc}}\right)[1 + \alpha_p(T_t - T_{stc})] \tag{5.12}$$

式中：P_{max}^s 为光伏电站装机容量；SR_t 为太阳辐射强度；T_t 为太阳能电池板温度；SR_{stc}、T_{stc} 分别为标准测试条件下的太阳辐射强度和气温，其值分别为 $1000W/m^2$ 和 25℃；α_p 为气温功率转换系数，取 $-0.35\%/℃$。

由于气象站通常无法提供太阳能电池板的温度数据，可将气象站提供的气温换算为太阳能电池板温度，如下：

$$T_t = T_{air,t} + \frac{SR_t}{SR_{stc}}(T_{noc} - T_{stc}) \tag{5.13}$$

式中：$T_{air,t}$ 为气象站提供的气温；T_{noc} 为正常运行的太阳能电池板温度，通常取 (48 ± 2)℃。

水电站出力计算式如下：

$$P_t^h = \min(9.81\eta R_t H_t, P_{max}^h) \tag{5.14}$$

$$H_t = f_{vz}(\overline{V}_t) - f_{qz}(R_t + WS_t) - \Delta H_{loss} \tag{5.15}$$

式中：η 为水电站综合效率系数；P_{max}^h 为水电站装机容量；ΔH_{loss} 为水头损失；R_t 为发电引用流量；WS_t 为弃流量；f_{vz}（·）、f_{qz}（·）分别为水位－库容曲线、尾水位－泄流曲线；$\overline{V}_t$ 为时段平均库容，表示为 $\overline{V}_t = 0.5(V_{t+1} + V_t)$，$V_t$、$V_{t+1}$ 分别为始末库容，通过水流连续性方程连接，且库容必须在合理的变化范围之内，须同时满足如下公式：

$$\begin{cases} V_{t+1} = \max[V_t + (I_t - R_t - WS_t)\Delta T_t, V_{min}] \\ V_{t+1} = \min[V_t + (I_t - R_t - WS_t)\Delta T_t, V_{t,max}] \end{cases} \tag{5.16}$$

式中：V_{min}、$V_{t,max}$ 分别为库容的下限和上限。

基于水电出力 P_t^h 以及光伏弃电损失函数计算光伏弃电出力 P_t^c，计算式如下：

$$P_t^c = P_t^s f_{loss}(P_t^h) \tag{5.17}$$

式中：f_{loss}（·）为光伏弃电损失函数，用于表征长期水电出力与光伏弃电率之间的关系。

5.3.2 多目标布谷鸟算法

研究采用基于非支配排序和拥挤距离的多目标布谷鸟搜索（multi - objective cuckoo search，MOCS）算法[217, 218] 对调度图关键控制参数（调度线横纵坐标以及决策参数）进行优化。MOCS 种群更新算子与单目标 CS 算法相同，其基本流程见图 5.6。

5.3.3 调度图优化约束处理策略

调度图优化的难点包括两个方面：①上下调度线不交叉；②调度线不能波动太大[118, 219, 220]。针对上下调度线交叉问题，采用罚函数进行处理；针对调度线波动问题，采用二维编码策略[114, 221] 进行处理，即在优化过程中只优化调度图的关键节点，而关键节点间其他节点值采用线性插值方法获取。该方法的优点在于：一方面降低了优化变量的个数；另一方面避免了调度线的剧烈波动。下面，以基于水位的调度图为例对二维码编码策略进行说明。

采用传统编码方法优化含两条线的调度图，优化变量总个数为 $2K$，

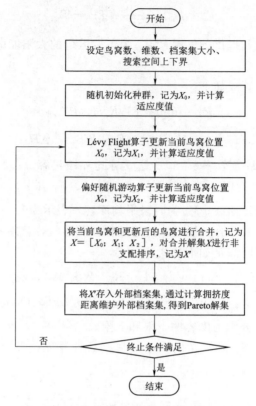

图 5.6 MOCS 算法基本流程图

MOCS 算法解的构成形式如下：

$$nest = [x_1, \cdots, x_k, \cdots x_K, y_1, \cdots, y_k, \cdots y_K](UB_k > x_k > y_k > LB_k)$$

$$(5.18)$$

式中：x_k、y_k 分别为上下调度线节点水位值；UB_k、LB_k 分别为节点水位值的上限和下限。

采用二维编码方法优化调度图时，只优化关键节点坐标，包括时间和水位两部分，如图 5.7 所示。此时，优化变量个数为 $2(2n+1)$。MOCS 算法解的构成形式可进一步表示为

$$nest = [t_1, \cdots, t_n, x_1 \cdots x_{n+1}, t_1', \cdots, t_n', y_1 \cdots, y_{n+1}] \quad (5.19)$$

式中：n 为关键节点的个数；t_1，$\cdots$，t_n（$t_1 < t_2$，$\cdots$，$< t_n$）和 x_1，$\cdots$，x_{n+1} 分别为上调度线中关键节点的横坐标（时间）和纵坐标（水位）；t_1'，$\cdots$，t_n'（$t_1' < t_2'$，$\cdots$，$< t_n'$）和 $y_1 \cdots$，y_{n+1} 分别为下调度线中关键节点的横坐标（时间）和纵坐标（水位）。

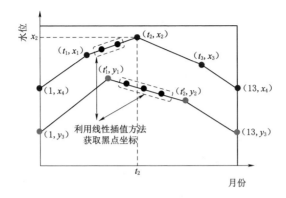

图 5.7 调度图优化关键节点示意图

（注：上调度线有 3 个关键节点，优化变量为 7 个；下调度线有 2 个关键节点，优化变量为 5 个）

5.4 研究实例

以龙羊峡水光互补电站中长期调度为研究对象，首先描述光伏弃电损失函数的基本特征，然后探讨水光互补中长期调度中发电量、发电保证率、缺水指数三者间的相互制约关系，最后识别最优互补调度图型式，并总结水光互补调度过程中的弃电规律。

5.4.1 研究数据

龙羊峡是黄河上游的"龙头"水库，具备多年调节库容，在西北电网的调峰调频以及黄河流域水资源综合管理（供水、灌溉、防洪、防凌）方面发挥着重要作用。自 2013 年共和光伏电厂建成以来，龙羊峡水电站与光伏电厂实行打捆运行以促进光电的消纳。同时，龙羊峡水库还与下游刘家峡水库联合运行以满足流域水资源综合利用要求。目前，龙羊峡水库中长期运行采用调度图进行指导，如图 5.8 所示。

水库具体操作方式如下：

（1）当库水位落在加大供水区（Zone Ⅰ）时，水库按照 1.1 倍的保证供水流量发电（各月平均补偿流量见表 5.2）。

（2）当库水位落在保证供水区（Zone Ⅱ）时，水库按照保证供水流量发电。

（3）当库水位落入降低供水区（Zone Ⅲ）时，水库按照保证流量的 0.8 倍发电。

根据西北电网有限公司提供的《龙羊峡优化控制及黄河上游梯级水库联合调度方案研究》报告：当龙羊峡各月出库流量不低于某一控泄值时，整个梯级

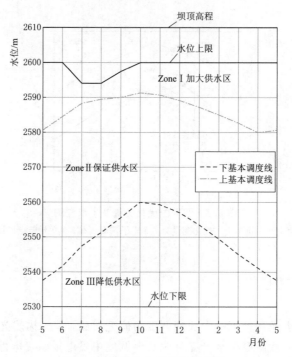

图 5.8　龙羊峡水库常规调度图

电站运行效益良好。因此，研究中将表 5.2 中最小出库流量过程作为互补电站下游需水过程。

表 5.2　　　　　　　　　　　龙羊峡水库各月平均补偿流量

月份	1	2	3	4	5	6	7	8	9	10	11	12
流量/(m³/s)	580	580	580	1000	900	800	350	300	300	400	580	580

调度模型输入数据包括以下 4 个部分：

（1）龙羊峡水库 1959—2010 年月入库流量，由黄河水利委员会提供。

（2）共和气象站 1959—2014 年日太阳辐射和气温，来源于国家气象科学数据中心（http://www.nmic.cn/）。

（3）共和光伏电厂 2014 年全年小时出力，由共和光伏电厂提供。

（4）龙羊峡水电站夏季和冬季典型日负荷曲线，由龙羊峡水电站提供。

图 5.9 给出了中长期调度模型输入数据的箱状图。

5.4.2　方案及参数设置

设置了 8 种调度方案，包括基于传统调度图的模拟调度，基于动态规划（DP）的确定性最优调度，以及 6 种调度图模拟－优化调度，各方案详细描述见表 5.3。在确定性优化调度中，水光互补保证出力设置为 780 MW；在

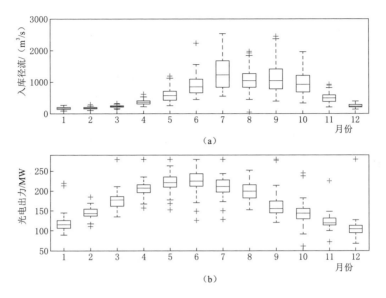

图 5.9 中长期调度模型输入数据箱状图
(a) 水库入流；(b) 光电出力

常规调度图模拟以及优化调度图模拟时，水库起调水位设置为 2575 m；采用 MOCS 算法优化调度图时，各调度线关键节点数取 $n=3$ 以避免剧烈波动，调度线节点优化变量为 $2(2n+1)=14$；MOCS 种群规模为 200，最大迭代次数设置为 2000。

表 5.3   水光互补中长期调度方案描述

方案名称	是否采用弃电损失函数	优化算法	优化变量个数
传统模拟调度	否	—	—
确定性最优调度	否	DP	623 (624−1)
图 5.5 (a) 优化	是	MOCS	17 (14+3)
图 5.5 (b) 优化	是	MOCS	17 (14+3)
图 5.5 (c) 优化	是	MOCS	20 (14+6)
图 5.5 (d) 优化	是	MOCS	20 (14+6)
图 5.5 (e) 优化	是	MOCS	17 (14+3)
图 5.5 (f) 优化	是	MOCS	17 (14+3)

5.4.3 光伏弃电损失函数基本特征

不同负荷特性条件下的光伏弃电损失函数曲线见图 5.10。其中，图 5.10 (a)、(b) 分别为基于典型日负荷曲线生成的多情景；图 5.10 (c)、(d)

为对应的光伏弃电损失函数曲线。从图 5.10（c）、（d）可知，光伏弃电损失函数曲线呈 S 形。当水电月平均出力较低时，光伏弃电率较低，随着水电出力的增加，光伏弃电率逐渐下降。原因在于：水电月平均出力较低时，反映该时段互补系统的负荷需求较小，造成白天部分时段光电出力大于负荷需求的概率较大。这一现象将随着水电出力增大而逐渐缓解。当水电月平均出力维持在 600~800 MW 时，光伏弃电率维持在一个较低的水平。当水电月平均出力继续增大时，互补系统电力输送能力有限，水电出力增大将会挤占光伏发电的空间，导致光伏弃电率骤增。针对同一水电月平均出力，较低负荷率（0.74）对应的光伏弃电率高。这说明，互补系统在整个电力系统中若处于调峰位置，弃电的概率将提高，不利于并网。

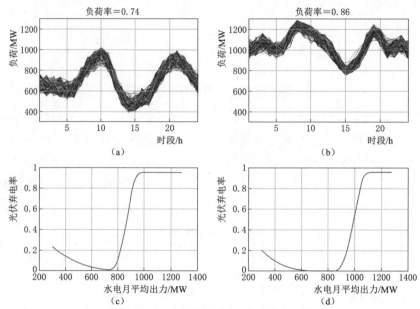

图 5.10　不同负荷特性条件下光伏弃电损失函数

（a）、（b）为基于典型日负荷曲线生成的多情景；（c）、（d）分别为基于（a）、（b）多情景制订的弃电损失函数

5.4.4　互补电站发电与供水的相互制约关系

对于互补优化调度，决策者不仅希望能够提高整个系统的发电效益（如提高水电发电量、降低光伏弃电量、提高发电保证率）。同时，还要确保下游的供水效益不受损害或者损害在可接受的范围之内。因此，理解互补系统发电和供水之间的关系有助于互补系统的科学调度。图 5.11 绘制了不同调度规则互补调度的 Pareto 解分布图，坐标轴分别对应互补系统发电量、互补系统发电保证率和缺水指数［图中（a）~（f）分别对应图 5.5（a）~（f）；方块为 Pareto

解在各平面上的投影]。研究发现，互补系统的发电量越大，保证率越高。而在传统水电调度中：发电量越大，保证率越低；发电量越小，保证率越高。互补系统发电量与保证率不冲突的原因在于优化过程中使用了弃电损失函数。在弃电损失函数中，当水电出力太小或者太大时，光伏弃电率均较高。当水电出力维持在某一较小的范围内（如 $600\sim800\mathrm{MW}$）时，光伏弃电率较低。由于在优化过程中，水电出力趋于平稳，光伏弃电率较小，系统总的发电量提高；同时，由于水电出力的平稳化，系统的保证率也相应提高。因此，总体规律呈现出发电量大、保证率高的现象。研究还发现，互补系统的发电和供水是相互矛盾的，当发电量和保证率提高时，缺水指数也增大，表明缺水程度更高。需要说明的是，当下游需水过程不同时，发电和供水之间的规律可能会发生改变。

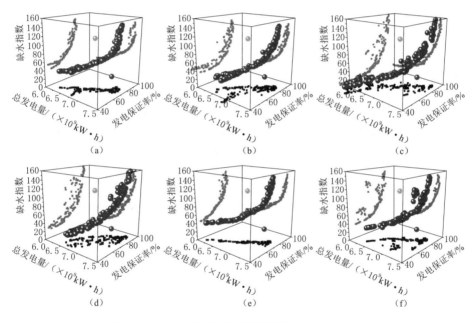

图 5.11　水光互补情形下调度图优化 Pareto 解集
●常规调度；●优化调度图；●确定性最优调度

5.4.5　互补调度图形式及参数

调度图参数优选属于多属性决策问题。本小节调度图参数筛选的准则如下：① 优化调度图发电量、保证率以及供水效果均优于常规模拟调度；② 发电量最大、发电保证率最大及缺水指数最小三个目标在多属性决策时认为同等重要，即采用等权重进行决策。据此得到优化调度图如图 5.12 所示，(a)～(f) 分别对应图 5.5 (a)～(f)，调度图评价结果见表 5.4。图 5.12 显示，各调度线变化平稳，且上下调度线不交叉，表明优化结果合理。表 5.4 所有调度情景中，常规模拟调度效果相对最差，对应发电量为 70 亿 kW·h，发电保证率为 61%，缺水指数 WSI 为 122。相比于常规模拟调度，确定性优化调度能够提高水电发电量 6.3%，但光伏上网电量却降低了 6.0%。虽然发电保证率和供水效果都变好，但是调度目标之间没有达到较好的协调，光伏弃电量仍较高。而对于所制订的 6 种优化调度规则，三个调度目标均具有不同程度的提升，图 5.12（c）（纵坐标为水位，输入变量为可用能量，输出变量为水电出力）的整体效果最优。相比于常规调度，发电量和保证率分别提高了 4.3% 和 29%，缺水指数 WSI 降低了 6.6%。虽然光伏上网电量的提升幅度不明显（仅为 0.75%），但优化的调度图能够较好地协调水力发电、光伏并网及下游供水，使得互补系统的总体运行效果相对最优。需要说明的是：利用图 5.12（c）进行决策时须考虑光电和入库径流的预报信息。由于现有预测手段难以对光电出力和入库径流进行准确预报，故实际采用该调度图指导水光互补运行可能会与理论上的最优效益有一定偏差。

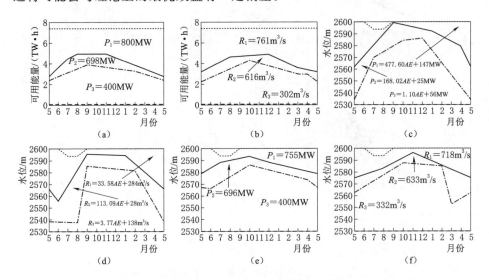

图 5.12　最优调度图基本形式及参数

——上调度线；—·—下调度线；——上限；……下限

表 5.4　　　　　　　　　　不同调度方案评价

方案名称	水电上网电量 /（亿 kW·h）	光伏上网电量 /（亿 kW·h）	总上网电量 /（亿 kW·h）	发电保证率 /%	缺水指数 WSI
传统模拟调度	56.7	13.3	70.0	61	122
确定性最优调度	60.3	12.5	72.8	69	38
图 5.5（a）优化	59.0	13.4	72.4	74	88

方案名称	水电上网电量 /(亿 kW·h)	光伏上网电量 /(亿 kW·h)	总上网电量 /(亿 kW·h)	发电保证率 /%	缺水指数 WSI
图 5.5 (b) 优化	59.7	13.2	72.9	82	109
图 5.5 (c) 优化	59.6	13.4	73.0	90	114
图 5.5 (d) 优化	59.9	13.4	73.3	76	120
图 5.5 (e) 优化	59.3	13.4	72.6	75	107
图 5.5 (f) 优化	59.8	13.2	72.9	77	115

考虑到输入数据可能的误差，对模型的输入进行了不确定性分析。研究中径流误差来自观测误差，光电出力误差来自计算误差，二者分别假定服从正态误差，记为 $N(0, \sigma_{inflow})$ 和 $N(0, \sigma_{pv})$。其中，σ_{inflow} 和 σ_{pv} 分别取入流和光电出力历史均值的 10%。随机模拟 1000 次，将随机误差叠加至实测数据之上，作为优化调度图的输入，最后统计不同调度图的总上网电量、发电保证率及缺水指数的均值和标准差，结果见表 5.5。与表 5.4 中基于历史数据的模拟结果相比，不确定性条件下互补系统的发电量和发电保证率均有小幅度的下降，缺水指数略微增大。在 6 种调度规则中，调度图图 5.5 (c) 依然表现最优。相比于常规调度，发电量和发电保证率分别提高了 4.0% 和 16%，缺水指数降低了 4.9%。不确定性分析进一步说明了优化调度规则的有效性和可靠性。

表 5.5　　　　考虑水库入流以及光电输入误差条件下调度图评价

调度规则	统计值	总上网电量 /(亿 kW·h)	发电保证率/%	缺水指数 WSI
图 5.5 (a)	均值	72.2	72	92
	标准差	0.3	1	3
图 5.5 (b)	均值	72.8	80	109
	标准差	0.3	1	3
图 5.5 (c)	均值	72.8	88	116
	标准差	0.3	1	3
图 5.5 (d)	均值	73.2	75	120
	标准差	0.3	1	3
图 5.5 (e)	均值	72.5	74	108
	标准差	0.3	1	4
图 5.5 (f)	均值	72.9	77	115
	标准差	0.3	1	3

5.4.6　不同调度模式下的弃电规律

弃电率是目前决策者所关心的一个十分重要的指标，用以衡量互补系统中光伏电站的运行经济性。图 5.13 给出了不同调度规则不同月份的光伏弃电率。从图中可知，光伏发电在 9 月和 10 月的弃电率较高（>25%），主要原因在于此时水电站以加大出力方式运行，由于系统的输送能力有限，压缩了光伏发电的空间。在 8 月和 11 月，随着水电出力降低，弃电率也随之降低。其他月份水电出力维持在较为稳定的水平，因而光伏弃电率较低（<15%）。目前，汛期弃电问题的来源有多方面，一方面，在于现有电力系统输送通道有限，生产的电能无法及时有效地输送至用户端；另一方面，火电企业为了维护自身利益不愿意降低其自身出力，导致整个系统的"供大于求"。因此，实行跨区域联合调度，将过剩的电量在区域间进行协调，是降低弃电率的一种有效途径。

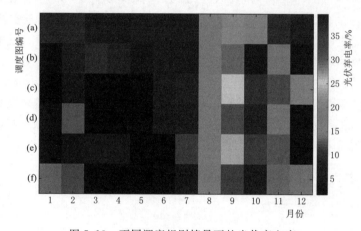

图 5.13　不同调度规则情景下的光伏弃电率

5.5　本章小结

本章对水光互补中长期调度图编制问题作了研究。首先调度分析了水光互补短期调度中光伏电站可能的弃电情形，并基于短期模拟模型估计了光伏弃电损失函数，定量表征了长期水电出力与光伏弃电率之间的关系。其次，构建了中长期互补调度多目标优化模型，采用 6 种调度图模拟了水光互补中长期调度，并将光伏弃电损失函数耦合在中长期调度模型中以量化长期调度中可能的光伏弃电量。最后，在"模拟－优化"框架下，采用多目标布谷鸟算法识别了互补调度图关键节点参数。研究结论如下：

（1）光伏弃电损失函数呈 S 形，表明当长期水电出力太高或者太低时，光伏弃电率均较高，当长期水电出力维持在某一范围内时，光伏弃电率较低。

（2）对于互补系统，发电量最大和保证率最高为非竞争性目标，与传统水电调度规律相反；但发电量最大与缺水指数最小两个目标存在竞争性。

（3）耦合光伏弃电损失函数的中长期调度图可以更好地协调新能源并网和流域水资源利用。相比于传统模拟调度，优化调度图可提高发电量 4.3%，提高发电保证率 29%，降低缺水指数 6.6%，实现了水力发电、光伏发电和下游供水三者间的有机协调。

（4）基于水位分区，决策输入变量采用可用能量，输出变量采用水电出力的互补调度图优于其他调度图。

第6章

光伏装机与互补调度规则同步解决方案研究

光伏装机容量是水光互补系统中一个关键的物理参数，对于系统的安全经济运行至关重要。当光伏电站装机容量较小时，光资源得不到充分有效的开发；当光伏电站装机容量较大时，投资成本过高，过剩的光电也无法被电网消纳，造成资源的浪费。此外，水光互补运行过程中，水电调节光电的本质是利用水电机组的快速调节能力，将光电出力的波动性、间歇性和随机性转化为出库流量的波动性，可能对下游水资源综合利用（如供水、灌溉、航运）产生不利影响。因此，对于已建成的水电站水库能够捆绑多大的光伏装机容量存在一个临界阈值。相比于小型、离网互补系统，大型多能互补系统通常与大电网相连接，调度方式同时受大电网运行以及流域水资源综合管理的双重影响，存在着调度边界条件多样性、多变性特征。准确模拟水光互补电站的调度特征是进行装机规划的一个重要前提。

技术经济分析（techno-economic analysis）是确定光伏装机容量的一种通用框架[222-224]。目前，多数研究采用技术经济分析确定光伏装机容量时，主要从电力系统安全稳定运行的因素（如电压、频率、潮流）考虑，多半忽略了对水资源系统的不利影响。此外，互补电站的经济性直接受光伏装机容量以及互补调度规则的影响。鉴于此，本章提出基于一体化模型的光伏装机与调度规则同步解决方案。为实现水量调度和电力调度的统一，研究采用长-短嵌套调度模型对水光互补运行过程进行模拟。在此基础上，考虑互补调度对于水资源系统的影响进行装机规划，并在装机规模确定后进一步提取互补电站调度规则，从而实现装机容量和调度规则的相互协调。同步优化技术路线如图6.1所示。

（1）采用长-短嵌套调度模型模拟不同光伏装机规模下互补电站的长期和短期调度过程。通过约束互补调度对水资源系统的影响，确定光伏装机规模阈值。

（2）基于成本-效益分析模型，在装机容量阈值内寻求最优装机容量，使得光伏电站在全生命周期内运行效益最大。

（3）在最优装机规模下，采用隐随机优化（implicit stochastic optimization）方法提取互补电站的调度函数，并对调度函数的性能进行评估。

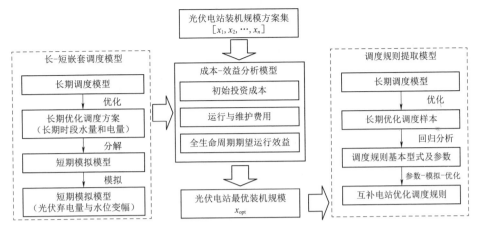

图 6.1 光伏装机与调度规则同步优化技术路线图

6.1 互补运行长-短嵌套模拟模型

采用长-短嵌套模拟模型对水光互补运行过程进行模拟。首先，建立中长期优化调度模型，采用 DP 算法进行求解，从而确定长期时段内水量和电量分配策略。其次，以中长期调度决策为边界条件，确定中长期调度时段内各日的发电量，建立短期模拟模型，模拟各小时尺度的水电出力、光伏弃电出力、水库下泄流量等短期决策。

6.1.1 中长期优化调度模型

互补中长期优化调度的主要目的在于：①提高互补系统的资源利用率，使得系统发电量尽量最大；②提高互补系统的供电可靠性，使得发电保证率尽量最高。考虑到保证率与保证出力的一一对应关系，即电站多年运行期间提供的出力大于等于保证出力的概率恰好等于设计保证率[225]。为便于模型求解，本节建立了兼顾保证出力的净发电量最大数学模型。其中，互补系统的净发电量 EP 可表示为

$$EP = \sum_{t=1}^{T} \{P_t^h + P_t^s(x)[1 - f_{loss}(x, P_t^h)]\} \Delta T \tag{6.1}$$

式中：t、T 分别为长期调度时段编号以及调度总时段数；ΔT 为长期调度时段长；P_t^h 为第 t 时段水电平均出力；$P_t^s(x)$ 为装机容量为 x 的光伏电站在第 t 时段的平均出力，根据 4.4.1 节中的出力计算公式得到；$f_{loss}(x, P_t^h)$ 为装机容量为 x 的光伏电站在水电出力为 P_t^h 时的弃电率，根据 4.2 节短期模拟模型得到。

为便于描述，光伏电站的净出力可表示为

$$\overline{P}_t^{\rm s}(x) = P_t^{\rm s}(x)\left[1 - f_{\rm loss}(x, P_t^{\rm h})\right] \tag{6.2}$$

式中：$\overline{P}_t^{\rm s}(x)$ 为扣除弃电量后的上网电量对应的平均出力。

中长期调度考虑的约束条件依次包括：① 水量平衡约束；② 库容约束；③ 发电流量约束；④ 水电出力约束；⑤ 电力输送通道约束；⑥ 边界条件约束。因此，优化模型描述如下：

$$\max EP = \sum_{t=1}^{T} \left\{ P_t^{\rm h} + \overline{P_t^{\rm s}}(x) - \varphi \min\left[0,\ P_t^{\rm h} + \overline{P_t^{\rm s}}(x) - P_{\rm firm}^{\rm hs}\right] \right\} \Delta T$$

$$\text{s. t}\begin{cases} V_{t+1} = V_t + (I_t - R_t - WS_t)\Delta T \\ V_{\min} \leqslant V_t \leqslant V_{\max,t} \\ R_{\min} \leqslant R_t \leqslant R_{\max} \\ P_{\min}^{\rm s} \leqslant P_t^{\rm s} \leqslant P_{\max}^{\rm s} \\ P_t^{\rm s} + P_t^{\rm h} \leqslant P_{\max}^{\rm hs} \\ V_1 = V_{\rm bgn}, V_{T+1} = V_{\rm end} \end{cases} \tag{6.3}$$

式中：φ 为惩罚参数；$P_{\rm firm}^{\rm hs}$ 为互补电站的保证出力；V_t、V_{t+1} 分别为时段初、末库容；I_t、R_t、WS_t 分别为入库流量、发电流量、弃水流量；$V_{\min}$、$V_{\max,t}$ 分别为库容的下限值和上限值；$R_{\min}$、$R_{\max}$ 分别为下泄流量的下限和上限；$P_{\min}^{\rm s}$、$P_{\max}^{\rm s}$ 分别为水电站出力的下限值和上限值；$P_{\max}^{\rm hs}$ 为互补系统电力输送通道的最大传输能力；$V_{\rm bgn}$ 为调度期初库容；$V_{\rm end}$ 为调度期末库容。

为获取长系列调度样本，采用 DP 方法对上述优化模型进行求解，模型决策变量为水位/库容。考虑到光伏出力在优化过程中为已知输入，优化模型的目标函数可改写为

$$\max EP = \sum_{t=1}^{T} \left\{ P_t^{\rm h} + \overline{P_t^{\rm s}}(x) - \varphi \min\left[0, P_t^{\rm h} - (P_{\rm firm}^{\rm hs} - \overline{P_t^{\rm s}}(x))\right] \right\} \Delta T_t \tag{6.4}$$

式中：$P_{\rm firm}^{\rm hs} - \overline{P_t^{\rm s}}(x)$ 为水电站须满足的最小出力要求，随光电出力变化而变化。

可以看出，该优化问题的本质是一个最小出力约束时变的水电优化调度问题，采用 DP 的逆序递推方程可进一步表示为

$$\begin{cases} EP_t^*(V_t) = \max\left[P_t^{\rm s}(V_t, V_{t+1})\Delta T_t + EP_{t+1}^*(V_{t+1})\right], t = 1, \cdots, T \\ EP_t^*(V_{T+1}) = 0 \end{cases} \tag{6.5}$$

式中：$EP_t^*(V_t)$ 为库容状态为 V_t 时的余留效益；$P_t^{\rm s}(V_t, V_{t+1})$ 为第 t 时段始末库容为 V_t 和 V_{t+1} 时对应水电站出力；$EP_{t+1}^*(V_{t+1})$ 为库容状态为 V_{t+1} 时的余留效益。

基于式（6.5）从第 T 时段逆时序递推至第 1 时段，便可以获取各状态点的最优余留效益；然后，顺时序计算可以得到整个调度期内的最优库容轨迹、下泄流量、水电出力过程。

6.1.2 短期模拟调度模型

短期模型以长期模型为边界条件，模拟互补电站发电计划编制与实时运行过程。最终计算各短期时段水电上网出力、光伏上网出力、水库下泄流量等。由于短期模拟模型在 4.2 节已作介绍，兹不赘述。在短期模拟过程中，还考虑了不同光伏装机容量对下游水位、流量变幅的影响。考虑该因素的主要原因在于：光伏出力具有很强的波动性，当采用水电机组进行补偿调节时，会导致下泄流量产生剧烈波动，不利于下游的水资源综合利用。水位与流量变幅的计算方法为，根据水电站实际出力以及水电机组 $N - H - Q$ 曲线可反推水库下泄流量，再根据尾水位-泄流曲线计算下游水位：

$$r_t = f_{prh}(p_t^h, h_t) \tag{6.6}$$

$$z_t = f_{qz}(r_t) \tag{6.7}$$

式中：r_t 为水电站第 t 时段的下泄流量；$f_{prh}(\cdot)$ 为水电机组 $N - H - Q$ 特征曲线；p_t^h 为水电机组出力；h_t 为水电站第 t 时段的平均水头；$f_{qz}(\cdot)$ 为尾水位-泄流关系曲线；z_t 为第 t 时段水库尾水位。

6.2 光伏电站装机规划模型

光伏装机容量规划的基本思路是：首先，根据互补调度对水资源系统产生的影响，确定光伏装机容量阈值；其次，在装机容量阈值范围内对光伏电站作成本效益分析，通过寻求最优装机容量使得光伏电站在全生命周期内的运行净效益最大。

6.2.1 互补调度对水资源系统的影响评价指标

选取了 3 个指标以表征互补调度对水资源系统的影响，包括：供水保证率、缺水指数、下游水位变幅。其中，供水保证率和缺水指数基于长期调度模型得到，下游水位变幅基于短期模拟模型得到。各指标的定义及计算式如下。

1. 供水保证率 WSR

供水保证率表征整个调度期内水库供水满足下游需求的概率，计算式为

$$WSR = \left[1 - \frac{\#(R_t < D_t)}{T}\right] \times 100\% \tag{6.8}$$

式中：WSR 为供水保证率，值越大表明供水效果越好；T 为整个长期调度时段个数；t 为长期时段编号；$\#(R_t < D_t)$ 表示供水遭到破坏的总时段数；

R_t 为下泄流量；D_t 为下游需水流量。

2. 缺水指数 WSI

缺水指数表征整个调度期内水库供水遭到破坏的严重程度，计算式为

$$WSI = \frac{100}{T} \sum_{t=1}^{T} (1 - \frac{R_t}{D_t})^2 \tag{6.9}$$

式中：WSI 为缺水指数，值越小，表明供水破坏程度越低。

3. 水位变幅 WLV

水位变幅表征时段内水库下游水位最大值和最小值的差值，计算式为

$$WLV = \max(z_t) - \min(z_t)(t = 1 \cdots, T) \tag{6.10}$$

式中：WLV 为短期时段内水位变幅，值越小，表明水库下泄流量波动越小，对下游的不利影响越小。

当光伏装机容量逐渐变大时，上述指标可能会朝着不利于水资源综合利用的方向演化。此时，通过限定上述指标的可接受范围，综合确定光伏装机容量的临界阈值。各指标的可接受范围可参考常规调度或者历史调度过程确定。

6.2.2 成本-效益分析模型

考虑到水电站已经建成，分析中仅考虑与光伏电站相关的成本与收益。根据相关政策规定：只要风电和光电不影响电力系统的安全、稳定运行，都可将其并入电网[43]。此时，投资者可通过电价补贴（feed - in tariff，FIT）获取收益。FIT 以长期合同的形式给予投资者一定的回报，其目的在于加快新能源的投资。由于新能源技术的进步、生产成本的下降，FIT 通常随时间推移而逐渐降低[226]。本节在作成本效益分析时，假定在光伏电站的运行期内补贴电价保持不变，即采用固定的光伏补贴电价。此外，互补系统不仅为电网输送电能，还可提供多种辅助服务（如调峰、调频）[227]，但规划设计阶段难以具体量化承担辅助服务产生的收益，因此该部分的收益并未计入成本效益分析模型中。

考虑光伏电站运行期内发电效益、初始投资成本及运行维护成本，建立了光伏电站全生命周期净效益最大数学模型。其中，电站投资成本视为装机容量的线性函数，运行维护成本视为光伏发电量的线性函数[172]。基于净现值（net present value，NPV）方法计算光伏电站全生命周期净效益。装机规划优化模型目标函数为

$$\max_{x \in (0, P_{max}^s)} NR(x) = \sum_{y=1}^{Y} \frac{B_f [E_p(x,y) - E_c(x,y)] - C_{om} E_p(x,y)}{(1 + d_r)^{y-1}} - C_{in} x$$

$$\tag{6.11}$$

式中：x 为光伏电站的装机容量；$NR(x)$ 为光伏电站全生命周期净现值效益；Y 为光伏电站运行年限；y 为运行年限编号；B_f 为光伏补贴电价，在运行年限内视为定值；C_{om} 为单位光伏发电量的运行维护成本；$E_p(x,y)$ 为装机容量为 x 的光伏电站在第 y 年的实际发电量；$E_c(x,y)$ 为光伏电站弃电量；d_r 为折现率，可采用资本资产定价模型（CAPM）进行确定；C_{in} 为光伏电站单位装机容量的初始投资成本。

在所有装机方案中，选择净效益最大值对应的装机容量作为最优装机容量 x_{opt}，数学表达式为

$$x_{opt} = \arg\max NR(x), x \in (0, P_{max}^s] \tag{6.12}$$

当经济参数已知时，通过计算光伏电站未来运行期内的发电量 $E_p(x,y)$ 以及弃电量 $E_c(x,y)$ 便可得到电站全生命周期的净效益。由于降水、太阳辐射、气温等气象因子等均存在一定的随机性，采用现有预测方法尚无法对未来多年的数值进行准确预测。因此，可基于历史长系列调度样本，采用随机抽样方法得到互补电站未来运行期内的调度样本。

本节采用 3 种抽样方法用于估计光伏电站未来运行期内 $E_p(x,y)$ 和 $E_c(x,y)$，依次是 Bootstrap 抽样[228]、滑动窗抽样和历史均值抽样。Bootstrap 方法从长系列调度样本中随机抓取，重新组成序列长度为 Y 的调度样本；滑动窗抽样直接从长系列调度样本中截取长度为 Y 的调度样本；历史均值抽样采用历史样本的均值代表未来逐年的运行情况。采用 Bootstrap 抽样和滑动窗抽样生成的调度样本可直接输入式进行计算；采用历史均值取样时，式（6.11）可进一步简化为

$$\max_{x \in (0, P_{max}^s]} NR(x) = Y\sum_{y=1}^{Y} \frac{B_f\left[\overline{E}_p(x) - \overline{E}_c(x)\right] - C_{om}\overline{E}_p(x)}{(1+d_r)^{y-1}} - C_{in}x \tag{6.13}$$

式中：$\overline{E}_p(x)$ 为光伏电站的多年平均发电量；$\overline{E}_c(x)$ 为装机容量为 x 的光伏电站与水电站联合运行时的多年平均弃电量。

6.3 互补调度函数提取模型

在光伏装机容量边界条件下，采用隐随机优化框架提取互补调度函数，包括以下几个步骤。

步骤 1：在一定光伏装机容量下，采用 DP 对长期调度模型进行求解，获取长系列调度样本。

步骤 2：根据相关分析拟定调度函数的基本形式（即确定调度函数的输入

和输出变量），再依据长系列调度样本拟合调度函数参数。

步骤3：采用优化算法（如复形调优法、智能算法）对调度函数参数进行再次优化，并对调度函数进行评价。

本节重点探讨互补线性调度函数的基本形式，其他黑箱模型（如人工神经网络、支持向量机）不在探讨范围之内。线性调度函数的基本形式如下：

$$\hat{Y}_k(t) = \hat{\alpha}_k \hat{X}_k(t) + \hat{\beta}_k \ (k=1,2,\cdots,K) \tag{6.14}$$

式中：k 为调度函数的编号；K 为调度函数的总个数，当调度期为旬时，$K=36$，当调度期为月时，$K=12$；t 为中长期调度时段编号；$\hat{X}_k(t)$、$\hat{Y}_k(t)$ 分别为调度函数的输入和输出变量；$\hat{\alpha}_k$、$\hat{\beta}_k$ 为线性调度函数的参数。

考虑互补运行新特性，决策时利用水库入库流量以及光伏出力的预报信息，设计了如下4种不同型式的线性调度函数，如下：

$$\begin{cases} N_k(t) = \hat{\alpha}_{k,1} \left[E_{\text{begin}} + E_w(t) + E_{pv}(t) \right] + \hat{\beta}_{k,1} \\[2mm] Q_k(t) = \hat{\alpha}_{k,2} \left[E_{\text{begin}} + E_w(t) + E_{pv}(t) \right] + \hat{\beta}_{k,2} \\[2mm] V_k(t+1) = \hat{\alpha}_{k,3} \left[E_{\text{begin}} + E_w(t) + E_{pv}(t) \right] + \hat{\beta}_{k,3} \\[2mm] Z_k(t+1) = \hat{\alpha}_{k,4} \left[E_{\text{begin}} + E_w(t) + E_{pv}(t) \right] + \hat{\beta}_{k,4} \end{cases} \tag{6.15}$$

式中：$N_k(t)$、$Q_k(t)$、$V_k(t+1)$、$Z_k(t+1)$ 分别为水电站水库在 t 时段的平均出力、平均发电流量、末库容和末水位；$\hat{\alpha}_{k,1}$、$\hat{\beta}_{k,1}$、$\hat{\alpha}_{k,2}$、$\hat{\beta}_{k,2}$、$\hat{\alpha}_{k,3}$、$\hat{\beta}_{k,3}$、$\hat{\alpha}_{k,4}$、$\hat{\beta}_{k,4}$ 分别为调度函数待拟合参数；E_{begin} 为水库初期蓄能，$E_w(t)$、$E_{pv}(t)$ 分别为水电站、光伏电厂在 t 时段的入能，三者之和等于可用能量，可参考第5章。

6.4 研究实例

以龙羊峡水光互补工程光伏电站装机规划为研究对象。首先，在不同光伏装机方案下，计算光伏电站全生命周期运行的净效益以及供水保证率、缺水指数、下游水库日水位变幅指标，综合确定光伏电站的最优装机容量。同时，对不同的经济因子作敏感性分析。然后，基于隐随机优化框架推求水光互补调度函数，并对其有效性作评价。

6.4.1 研究数据

研究数据包括入库径流、下游需水、太阳辐射、气温、实测光伏出力、水电站典型日负荷曲线，数据介绍参考4.5.1节。

6.4.2 方案及参数设置

表 6.1 　　　　　　　光伏装机规划模型中的技术经济参数

参数名称	符号	取值	单位
光伏电站运行寿命	Y	25	年
光伏补贴电价	B_f	1	元/(kW·h)
运行维护成本	C_{om}	93	元/(MW·h)
初始投资成本	C_{in}	1353	万元/MW
折现率	d_r	8%	%

光伏电站装机容量下限设置为 10MW，上限设置为水电站装机容量（1280MW）。以 10MW 为离散步长，共生成 128 种装机情景。供水指标的阈值基于龙羊峡常规调度图模拟得到。经计算，互补电站供水保证率 WSR 下限设定为 58%，缺水指数 WSI 上限设定为 122。下游日水位变幅 WLV 参照拉西瓦水库现有调度规程进行设定，为 1m。对于每种光伏装机方案：首先，采用 1959 年 1 月至 2010 年 12 月的径流及光伏出力资料进行确定性优化调度计算，获得 52 年长系列调度样本；然后，分别采用 Bootstrap 抽样方法、滑动窗抽样方法及历史多年均值抽样方法生成 25 年的调度数据输入成本-效益分析模型中。采用 DP 进行调度计算时，水库起调和终止水位分别设置为 2575m，水位离散精度为 0.1m，水光互补电站的保证出力设置为 $P_{firm}^{hs} = P_{firm}^{h} + 0.2x$。其他技术经济参数见表 6.1。

6.4.3 光伏装机规模的影响评估

为评估水光互补运行对下游供水的影响，图 6.2 给出了不同光伏装机规模下的供水保证率以及缺水指数。从图 6.2 可知，实施互补运行后，供水保证率以及缺水指数均保持在可接受的范围内。当装机容量低于 600MW，供水效果随着装机容量的增大逐渐变好（供水保证率提高，缺水指数变小）；但超过 600MW 后，供水效果随装机容量增大逐渐变差。在本节中，由于所有装机方案均未对下游供水效果产生明显的负面影响，故装机容量阈值仍可设定为初始上限，即 1280MW。

由于光电出力容易受太阳辐射以及环境温度的影响，在日内波动较大。利用水电补偿光电将导致自身出力变化较大，造成下游水位与流量的剧烈波动。为定量评估这一影响，图 6.3 给出了不同光伏装机规模下水光电联合运行所导致的下游水位变幅，阴影部分为考虑光电多情景的计算结果，线条为多情景的均值。当光伏装机为下限（10MW）时，获取的水位变幅本底值如下：龙羊峡

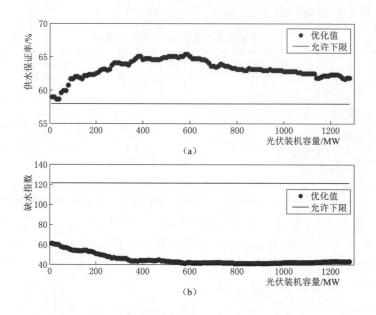

图 6.2 不同光伏装机规模下的供水性能指标
(a) 供水保证率；(b) 缺水指数

水库尾水位日变幅为 2.4 m，小时水位变幅为 0.97 m，拉西瓦坝前水位日变幅为 0.3 m，小时水位变幅为 0.07 m。当光伏装机容量增大时，光伏出力波动幅度随之增大，所导致的水位变幅明显增大。以 850 MW 光伏电站为例，相对于本底值，龙羊峡尾水位日变幅增加 2 m，小时水位增加 1.5 m，拉西瓦日水位变幅增加 0.89 m，小时水位变幅增加 0.14 m。剧烈变化的水位和流量将对下游河道产生冲刷，同时不利于下游的航运、供水、发电、灌溉等。根据拉西瓦水电站现有的调度规程，拉西瓦坝前水位日变幅不能超过 1 m，据此可得到光伏电站装机容量阈值为 970 MW。

为进一步评估光伏电站全生命周期内的运行净效益，须计算不同装机容量下的光伏弃电损失函数，如图 6.4 所示。从图 6.4 可知，当光伏电站装机容量较小时，相同水电出力对应的光伏弃电率低。对于同一装机规模，弃电率随水电出力先减小后增加，弃电损失函数呈 S 形，且相同水电出力下汛期弃电率低于非汛期，原因在于汛期互补电站出力的负荷率要高于非汛期（汛期趋向于发电，非汛期趋向于调峰），计算结果与第 5 章一致。

基于弃电损失函数，对 52 年长系列资料进行优化调度计算，表 6.2 统计了部分装机容量下互补电站 3 个指标（光电年发电量、弃电率、水电年发电量）的多年平均值以及光伏电站全生命周期运行净效益。

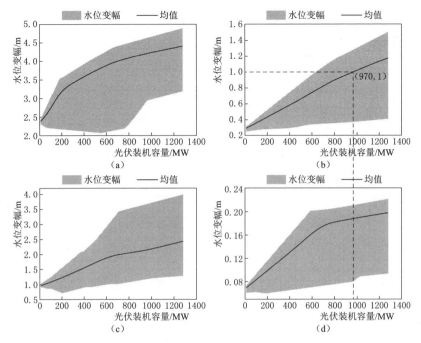

图 6.3 不同光伏装机规模下水位变幅

（a）龙羊峡水库尾水位一日变幅；（b）拉西瓦水库水位一日变幅；
（c）龙羊峡水库尾水位小时变幅；（d）拉西瓦水库水位小时变幅

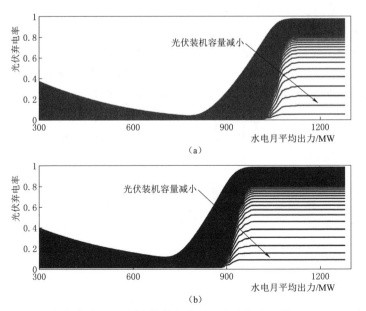

图 6.4 不同光伏装机容量下弃电损失函数

（a）负荷率＝0.84；（b）负荷率＝0.76

105

表 6.2　　　　　　　　　　　不同光伏电站装机容量下技术经济指标

光伏装机容量 /MW	光电年均电量 /(亿 kW·h)	光电年均弃电率 /%	水电年均电量 /(亿 kW·h)	光伏电站净效益 /亿元
100	1.76	4.87	59.43	3.88
200	3.52	4.32	59.16	7.98
300	5.28	3.36	58.92	12.56
400	7.04	1.83	58.95	17.98
500	8.80	1.53	59.26	22.78
600	10.56	1.24	59.41	27.69
700	12.32	1.13	59.56	32.47
800	14.07	2.19	59.85	35.38
900	15.83	4.20	60.12	36.14
1000	17.59	7.22	60.58	34.03
1100	19.35	10.74	60.90	29.58
1200	21.11	14.47	61.22	23.18

从表 6.2 可知，由于光伏电站出力与装机容量间的线性关系，光电年均电量随装机容量线性递增。但光电弃电率随装机容量呈现明显的非线性关系（先减小后增多），当光伏最优装机为 700 MW 时，多年平均弃电率达到最小值，为 1.13%。但此时光伏电站运行净效益并未达到最大值。在表中所展示的光伏装机容量中，净效益最大（36.14 亿元）对应的光伏装机容量为 900 MW。水电站年均发电量也受光伏装机的影响：当光伏装机较小时，水电年均电量会受到削弱而降低；当光伏装机较大时，水电年均电量反而会提升。原因在于，将光电和水电当作整体联合运行时，由于水电需要对光电进行补偿，改变了水电站最小出力。对于水电站而言，发电量与最小出力间存在着相互制约关系。当最小出力较低时，发电保证率低，总发电量大；当最小出力较高时，发电保证率高，总发电量小。

6.4.4　最优光伏装机规模

图 6.5 基于 52 年长系列调度结果的多年平均值，绘制了不同装机规模下光伏电站全生命周期的发电量、弃电量以及净效益。从图 6.5 可知，对于所有的装机方案，净效益值始终大于 0，可见投资方案均处于盈利状态。当光伏装机为 880 MW 时，电站全生命周期的净效益达到极大值，约为 36.31 亿元。综合考虑 6.4.3 节中光伏装机阈值（970 MW），可得到龙羊峡水电站所能捆绑的光伏最优装机容量为 880 MW。该方案与龙羊峡实际光伏装机 850 MW 基本一致。

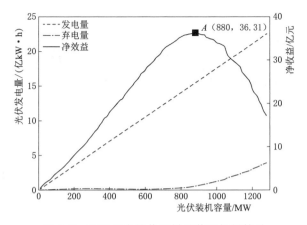

图 6.5　基于历史均值取样的装机规划结果

　　基于历史均值的取样的装机规划方法对历史数据长度的依赖性小，但是并未考虑光伏电站未来运行期内不同年份调度特征的差异性。因此，可进一步采用滑动窗取样方法，从历史长系列（52 年）调度结果中按时序截取一定长度（25 年）的调度结果输入装机规划模型中。图 6.6 给出了基于滑动窗取样的装机规划结果。从图 6.6（a）可知，所有抽样情景中，光伏电站净效益均先增后减，且最大值点对应的净效益大于 0。结合图 6.6（b）可知，所有滑动情景中最优装机容量在 820～910 MW 变化。此外，从图 6.6（b）中还可以看出，最优装机容量与光伏发电量的均值具有很强的正相关性，而与径流的均值相关性不明显。因此，在基于成本效益分析的装机规划模型中，考虑光电资源的非一致性可进一步提高装机规划的准确度。

　　基于滑动窗取样的装机规划方法虽然反映了不同年份调度特征的差异性，但规划结果易受历史样本的影响。利用 Bootstrap 随机抽样方法可进一步扩大样本容量，使得规划模型能够充分考虑径流以及光电的随机性特征，从而使得规划结果更加可靠。基于 Bootstrap 随机抽样 1000 次的装机规划结果见图6.7。从图 6.7（a）可知，基于 1000 个独立样本计算出的净效益值均呈现先增后减的趋势，并且净效益大于 0，均存在最优装机容量。结合图 6.7（b）进一步得到，光伏最优装机在 820～930 MW 变动，且装机为 880 MW 对应的概率最大，这一装机与基于历史均值的装机规划结果相一致。因此，推荐最优装机容量为 880 MW，不确定性区间为 [820，930] MW。

6.4.5　经济技术参数敏感性分析

　　为揭示最优装机容量与各经济因子之间的关系，分别对光伏补贴电价、单位投资成本、运维费用、折现率 4 种参数进行敏感性分析。不同参数组合下的光伏最优装机以及对应净效益见表 6.3。从表 6.3 中可知，当光伏补贴电价分

107

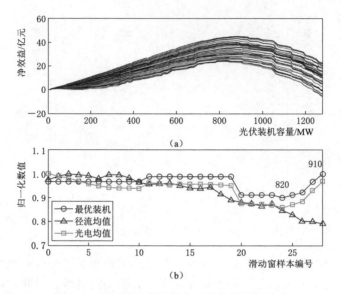

图 6.6　基于滑动窗取样方法的装机规划结果
（a）光伏电站净效益与装机容量的关系；（b）光伏最优装机容量与径流/光伏出力均值对比

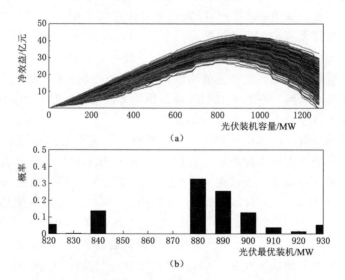

图 6.7　基于 Bootstrap 随机抽样 1000 次的装机规划结果
（a）光伏电站净效益随装机容量的变化；（b）最优光伏装机对应概率

别为 0.5 元/（kW·h）（FIT 1）、0.6 元/（kW·h）（FIT 2）和 0.7 元/（kW·h）（FIT 3）时，光伏电站净效益分别小于 0，说明此时投资会亏损，因而最优装机为下限值 10MW。当补贴电价升为 0.8 元/（kW·h）（FIT 4）时，最优装机容量升至 700MW，对应全生命周期净效益为 4.39 亿元。当补贴电价继续升高为 0.9 元/(kW·h)（FIT 5）时，最优装机容量变为 820MW。从以上数据可以看到，最优光伏装机对于光伏补贴电价很敏感，光伏补贴电价的微小变动可能决定投资的盈亏状态。因此，在新能源实际装机规划时，需要对补贴电价定价机制作深入研究。相比于光伏补贴电价，初始投资成本、运维费用及折现率对于最优装机相对不敏感。当初始投资成本变化 400 万元/MW 时，最优装机变化 110 MW；当运维费用提高约 1 倍时，最优装机降低 60 MW；当折现率变化 0.1% 时，最优装机最大变化 60 MW。

表 6.3　　　　不同参数组合下光伏最优装机以及对应净效益

光伏补贴电价/[元/(kW·h)]	单位投资成本/(亿元/MW)	运维费用/[元/(MW·h)]	折现率/%	最优装机/MW	净效益/亿元
0.5 (FIT 1)	0.1353	93	0.8	10	-0.53
0.6 (FIT 2)	0.1353	93	0.8	10	-0.33
0.7 (FIT 3)	0.1353	93	0.8	10	-0.13
0.8 (FIT 4)	0.1353	93	0.8	700	4.39
0.9 (FIT 5)	0.1353	93	0.8	820	19.58
1	0.1553 (IN 5)	93	0.8	820	19.40
1	0.1453 (IN 4)	93	0.8	820	27.60
1	0.1353 (IN 3)	93	0.8	880	36.31
1	0.1253 (IN 2)	93	0.8	900	45.14
1	0.1153 (IN 1)	93	0.8	930	54.43
1	0.1353	153 (OMC 5)	0.8	820	25.82
1	0.1353	133 (OMC 4)	0.8	840	29.18
1	0.1353	113 (OMC 3)	0.8	880	32.74
1	0.1353	93 (OMC 2)	0.8 (dr3)	880	36.31
1	0.1353	73 (OMC 1)	0.7 (dr 2)	880	39.88
1	0.1353	93	0.6 (dr 1)	930	64.18
1	0.1353	93	0.9 (dr4)	820	25.33

图 6.8 显示了不同参数组合下光伏电站净效益随装机容量的变化曲线。从图 6.8 中可以看出，当光伏补贴电价下降（FIT5→FIT1）时，净效益最大值点左移，最优装机容量变小；当初始投资成本以及运行维护成本下降（IN5→IN1，OMC5→OMC1）时，净效益最大值点右移，最优装机容量变大；当折现率下降（dr4→dr1）时，净效益最大值点右移，最优装机容量变大。可见，折现率与投资成本、运维费用具有相同的效用，值越低，收益越大。

此外，在互补系统中，水库的调节库容以及水电站装机容量对于光伏装机也具有较大的影响。通常，库容或者水电装机容量越大，表明其调节性能越强，因而可以更好地对冲光伏发电的波动性，具体体现为光伏弃电率下降。因此，在成本效益分析模型中，大库容以及水电装机容量对应的光伏装机容量更大。在本节中，光伏装机容量上限设置为水电站装机容量，可保证光伏出力骤降时，水电能及时补充光伏发电缺额。若光伏装机超过水电装机，则无法保证水光互补运行供电的可靠性。另外，水电补偿光电的本质是降低自身出力以配合光伏发电。当水电站水库下游存在其他综合利用要求时（如生态和供水），水电补偿光电的能力将受到限制。此时，水电站所能捆绑的光伏电站容量也会下降。

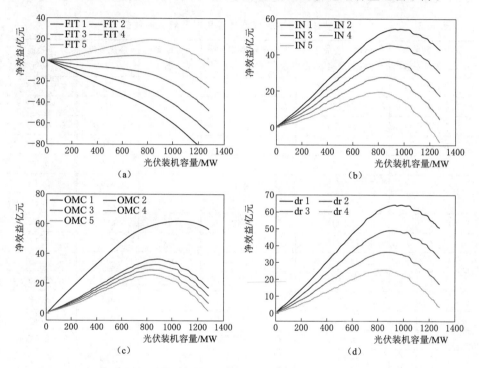

图 6.8 不同参数组合下光伏电站净效益与装机容量的关系
（a）光伏补贴电价；（b）单位动态投资；（c）运行维护费用；（d）折现率

6.4.6 最优互补调度规则

在获取最优光伏装机容量后，根据长系列调度样本，可以进一步提取互补电站的调度规则。如图 6.9 所示，通过相关分析发现，可用能量与水库末库容、末水位存在很强的相关关系（线性相关系数 $R^2 \geqslant 0.98$），而其他变量间的相关关系并不明显。因此，本书确定互补调度函数的两种基本形式为：$RV = \alpha EA + \beta$，$RZ = \alpha EA + \beta$。利用调度样本对调度函数参数进行拟合，分别见图 6.10 和图 6.11。可以看出，调度函数拟合效果较好，可用于指导水光互补运行。

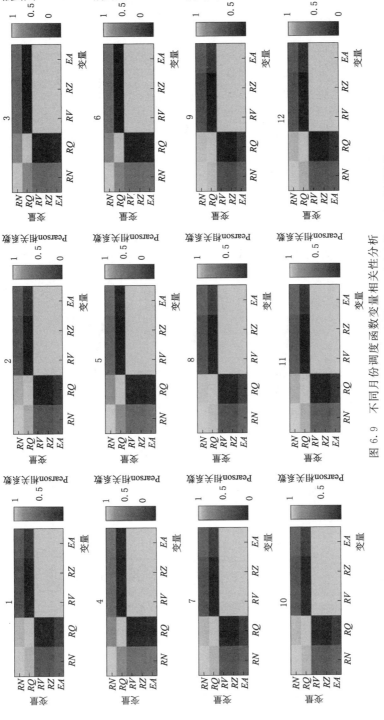

图 6.9 不同月份调度函数变量相关性分析

RN—水电出力；*RQ*—水库泄流；*RV*—水库库容；*RZ*—水库水位；*EA*—可用能量

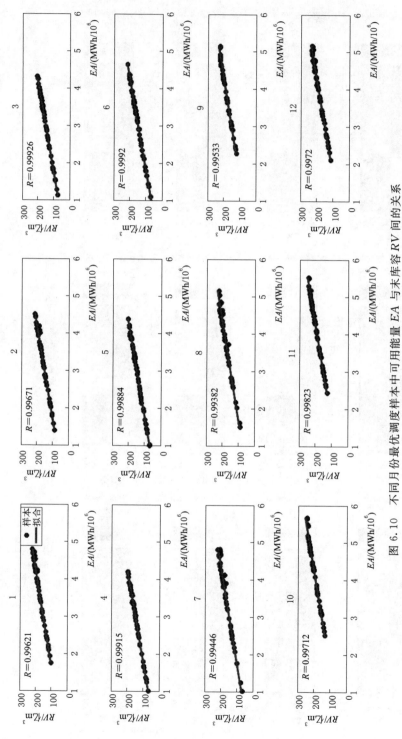

图 6.10　不同月份最优调度样本中可用能量 *EA* 与末库容 *RV* 间的关系

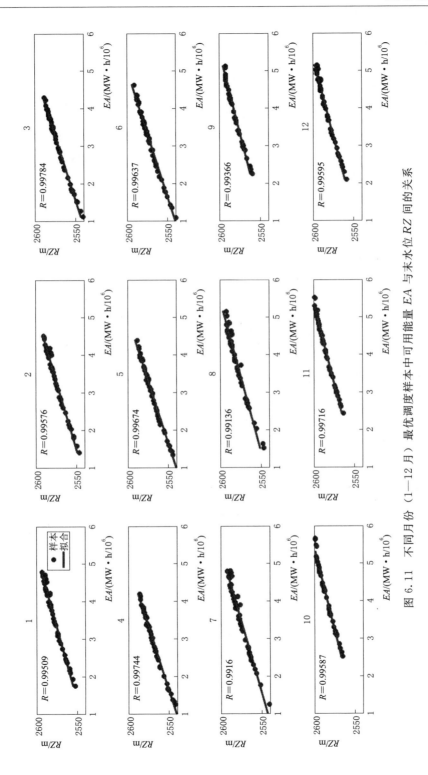

图 6.11 不同月份（1—12 月）最优调度样本中可用能量 EA 与末水位 RZ 间的关系

表 6.4 给出了两种调度函数的具体参数。基于这两种调度函数模拟水光互补调度过程，并分别与常规调度、确定性最优调度相比较，对比结果见表6.5。可以看出，两种调度函数在总发电量、发电保证率、供水保证率、缺水指数 4 个方面均优于常规调度。相比于常规调度，调度函数 1 在发电量、发电保证率、供水保证率 3 方面分别提高了 1.6%、6.5%、17%，缺水指数降低了 70.5%；调度函数 2 在发电量、发电保证率、供水保证率 3 方面分别提高了 3.8%、16.2%、17%，缺水指数降低了 53.9%。因此，所得到的调度函数可以更好地指导水光互补运行。

表 6.4　　　　　　　　　　调度函数参数表

月份	调度函数 1：$RV = \alpha EA + \beta$			调度函数 2：$RZ = \alpha EA + \beta$		
	参数 α	参数 β	拟合度 R	参数 α	参数 β	拟合度 R
1	39.48	33.59	0.9962	12.73	2533.48	0.9951
2	40.05	31.30	0.9967	13.56	2530.57	0.9958
3	41.14	28.53	0.9993	14.53	2527.79	0.9978
4	40.95	27.97	0.9991	14.92	2526.26	0.9974
5	41.06	27.46	0.9988	14.98	2525.92	0.9967
6	41.18	26.98	0.9992	14.84	2526.04	0.9964
7	39.13	32.66	0.9945	13.27	2530.66	0.9916
8	38.27	36.34	0.9938	12.38	2534.05	0.9914
9	37.75	39.97	0.9953	11.53	2537.83	0.9937
10	38.91	37.35	0.9971	11.47	2538.74	0.9959
11	39.69	34.40	0.9982	11.78	2537.53	0.9972
12	39.60	34.19	0.9972	12.18	2535.77	0.9959

表 6.5　　　　　　　　　　调度函数评价

评价指标	调度情景			
	常规调度	最优调度	$RV = \alpha EA + \beta$	$RZ = \alpha EA + \beta$
总发电量/(亿 kW·h)	70.35	73.12	71.49	73.02
发电保证率/%	60.6	69.7	67.1	76.8
供水保证率/%	58.0	75.0	75.0	75.0
缺水指数	122.0	38.0	36.0	56.2

6.5　本章小结

　　本章对光伏装机容量以及互补调度函数作了一体化优化研究。首先，建立了中长期互补调度模型，利用动态规划算法获取了长系列调度决策。基于短期模拟模型，以长期调度决策为边界条件，模拟不同光伏装机规模下小时尺度的水电上网电量、光伏弃电量、下游水位变幅等技术经济指标。从下游水位变幅、供水保证率、缺水指数三方面考虑互补调度对下游水资源系统的影响，确定了光伏装机容量阈值。建立了考虑光伏电站初始投资成本、运行维护成本及上网收益的光伏电站全生命周期净效益最大数学模型，提出了基于历史平均取样、滑动窗取样及 Bootstrap 取样的光伏电站全生命周期净效益计算方法，在装机规模阈值内得到了最优装机规模。最后，基于长系列调度样本，采用隐随机优化框架进一步推求了互补调度函数。研究结论如下：

（1）成本效益分析方法是确定水光互补调度系统中光伏电站最优装机容量的一种有效方法。龙羊峡光伏电站最优装机容量为 880 MW，不确定性区间为 [820，930] MW，优化结果与工程实际装机 850 MW 相接近。

（2）光伏装机容量对于经济因子（光电补贴电价、初始投资成本、运维成本、折现率）敏感，其中最敏感参数为光电补贴电价，该因素的微小变动可能决定投资的盈亏状态。

（3）最优装机与光电补贴电价呈正相关关系，与投资成本、运维成本、折现率呈反相关关系。同时，光伏装机容量还与其他技术因子（如水库调节库容、水电站装机）呈正相关关系。

（4）可用能量与末库容、末水位存在很强的线性相关性（线性相关系数 $R^2 \geqslant 0.98$），可作为互补调度函数的自变量和因变量。相比于常规调度，互补调度函数提高了系统发电量、发电保证率、供水保证率，并降低了缺水指数，可更好地指导水光互补中长期运行。

第7章

结　语

7.1　主要工作与结论

本书以水电和光电的运行协同性为主题，基于一体化设计理念，从"实时-短期-中长期-全生命周期"4个方面系统性地研究了大规模水光互补系统的规划设计与运行管理问题。

（1）针对互补系统经济运行问题（"以电定机"），提出了耦合智能算法和动态规划的双层嵌套求解框架。首先，采用多情景以及发生概率表征光电出力预测的不确定性；然后，结合鲁棒随机优化理论，建立了考虑光电出力预测不确定性的水电机组组合鲁棒优化模型。模型中机组状态为鲁棒优化变量，可保证光电出力变化时始终满足负荷平衡约束。为实现机组组合模型的高效求解，构造双层嵌套优化算法。其中，外层采用智能算法优化机组开/停机状态，内层在给定的开/停机状态下，再采用动态规划优化机组间负荷分配。为了有效处理机组的连续开/停机约束，提出二维编码策略，将传统优化整个调度期机组状态转化为优化时间节点和机组状态。龙羊峡实例研究表明：①提出的二维编码策略可以有效处理机组的连续开/停机约束，同时该策略减小了优化变量的个数，实现了对原问题的降维；②提出的双层嵌套求解框架通过预存储内层优化结果，可在较短的时间内得到高效稳健的厂内经济运行方案，获取96点日调度方案仅需4min；③相比于实际调度情景，确定性优化和随机性优化情景分别降低了耗水量1.5%和1.0%，不仅验证了模型和算法的有效性，还说明了提高光电预测精度对于水光互补短期调度效益的增益作用。

（2）针对互补系统发电计划编制问题（"以资定电"），建立了耦合厂内经济运行模块的双层规划数学模型。其中，上层模型优化系统输出功率使得互补系统在满足一定负荷特性条件下发电量最大；下层模型在给定系统输出功率下，优化机组状态以及负荷分配策略，使得水电站耗水量最小。该双层规划模型中系统输出功率和机组状态为鲁棒优化变量，可应对光伏出力预测的不确定性。为实现该模型的有效求解，将发电计划编制问题解耦成三个相互关联的子问题（系统输出功率确定、机组状态确定、机组间负荷分配确定），并分别采用启发式算法、智能算法及动态规划在一个统一的框架下求解。最后，通过对负荷特性约束进行松弛，可得到发电计划的多重近似最优解以及系统输出功率的柔性决策区间。实例研究表明：①提出双层规划模型和三层嵌套求解算法能在可接受的时间内得到合理的调度计划，相比于实际调度情景，优化调度情景总发电量提高了 1.9%，机组在线时间降低了 9.7%；②发电计划编制过程中，系统总发电量不仅与水电站实时经济运行方式有关，还与系统出力送出方式有关；③系统输出功率与典型日负荷曲线的相关性越大，发电计划对应的总发电量变幅越小，系统输出功率的决策区间越窄，表明灵活性越弱。

（3）针对互补系统中长期优化调度问题，以总发电量和总发电保证率最大为目标，建立了中长期互补随机优化调度模型。为论证实施互补调度的必要性以及考虑径流、光伏出力随机性的重要性，设置了 4 种不同的调度方案，分别采用随机动态规划方法求解得到调度规则。实例研究表明：①当入流被离散为 6 个特征值、光伏出力被离散为 7 个特征值时，调度结果最优。与常规调度相比，率定期内系统总发电量增加了 3.18%，总发电保证率增加了 10.63%；检验期内总发电量提高了 6.66%，总发电保证率提高了 22.92%。②相比于水电站单独调度直接加上光伏出力情景（方案一），将光电出力纳入决策因子的互补调度情景（方案二）中总发电量、总发电保证率提高，破坏率、弃光电量降低，说明互补调度比水电单独调度的效果更好，论证了实施互补调度的必要性。③在 4 种方案中，同时考虑径流与光伏出力随机性（但不考虑二者相关性）的调度方案（方案三）最优，说明考虑系统输入不确定性的重要性。由于案例中入流和光伏出力之间的相关性较弱，当考虑二者的相关性时（方案四），调度结果明显变差。

（4）针对互补系统中长期调度图编制问题，提出了耦合光伏弃电损失函数的互补调度图编制流程。首先，分析了水光互补短期调度中光伏电站可能的弃电情形，并基于短期随机模拟模型估计了光伏能量损失函数，定量表征了长期水电出力与光伏弃电率之间的关系。其次，构建了中长期互补调度多目标优化模型，采用 6 种调度图模拟了水光互补中长期调度，并将光伏弃电损失函数耦合在中长期调度模型中以量化长期调度中可能的光伏弃电量。最后，在"模拟-优化"框架下，采用多目标布谷鸟算法识别了互补调度图关键节点参数。实例研究表明：①光伏弃电损失函数呈 S 形，当长期水电出力太高或者太低时，光伏弃电率均较高，当长期水电出力维持在某一范围内时，光伏弃电率较低；②对于互补系统，发电量最大和保证率最高为非竞争性目标，与传统水电调度规律相反，但发电量最大与缺水指数最小两个目标存在竞争性；③耦合光伏弃电损失函数的中长期调度图可以更好地协调新能源并网和流域水资源利用，相比于传统模拟调度，优化调度图可提高发电量 4.3%，提高发电保证率 47.5%，降低缺水指数 6.6%，实现了水力发电、光伏发电和下游供水三者间的有机协调；④基于水位分区，决策输入变量采用可用能量，输出变量采用水电出力的互补调度图优于其他调度图。

（5）针对互补系统中光伏装机容量规划问题，提出了基于成本效益分析的装机规划和调度规则一体化优化方法。建立了中长期互补调度模型，利用动态规划算法获取了长系列调度决策。基于短期模拟模型，以长期调度决策为边界条件，模拟不同光伏装机规模下小时尺度的水电上网电量、光伏弃电量、下游水位变幅等技术经济指标。从下游水位变幅、供水保证率、缺水指数三方面考虑互补调度对下游水资源系统的影响，确定了光伏装机容量阈值。建立了考虑光伏电站初始投资成本、运行维护成本及上网收益的光伏电站全生命周期净效益最大数学模型，提出了基于历史平均取样、滑动窗取样及 Bootstrap 取样的光伏电站全生命周期净效益计算方法，在装机规模阈值内得到了最优装机规模。最后，基于长系列调度样本，采用隐随机调度框架进一步推求了互补调度函数。实例研究表明：①成本效益分析方法是确定水光互补调度系统中光伏电站最优装机容量的一种有效方法。龙羊峡光伏最优装机容量为 880 MW，不确定性区间为 $[820, 930]$ MW，优化结果与工程实际装机 850 MW 相接近；②光伏装机容量对于经济因子（光电补贴电价、初始投资成本、运维成本、折现率）敏感，其中最敏感参数为光电补贴电价，该因素的微小变动可能决定投资的盈亏状态；③最优装机与光电补贴电价呈正相关关系，与投资成本、运维成本、折现率呈反相关关系，同时，光伏装机容量还与其他技术因子（如水库调节库容、水电站装机）呈正相关关系；④可用能量与末库容、末水位存在很强的线性相关性（线性相关系数 $R^2 \geqslant 0.98$），可作为互补调度函数的自变量和因变量。相比于常规调度，互补调度函数提高了系统发电量、发电保证率、供水保证率，以及降低了缺水指数，可更好地适应水光互补发电。

7.2　研究展望

本书在传统水电调度理论的基础上，考虑光伏发电的随机特性，对大规模水光互补系统的规划与管理作了初步探索，其中的研究思路和模型可扩展至流域尺度风光水互补调度中，可从以下几个方面进一步完善：

（1）研究各种先进的预测手段（如概率预报、集合预报）与多能互补调度的有效衔接方式。风、光电出力预测的不确定性表征是实现优化调度的基础，本书采用多种情景以及对应的发生概率表征光伏出力的不确定性，在推求光电出力情景时，假定预测误差服从正态分布，并且假定相邻时段预测误差相互独立。实际上，预测误差的分布类型以及相邻时段的相关性可能与所采用的预测模型以及所分析的时间尺度等有关。在未来的研究中，须注意不同预测模型在预测不确定性量化上所导致的分布类型差异。并且，进一步研究各种先进的预测手段（如概率预报、集合预报）与优化调度的有效衔接方式，既要准确刻画风、光电等预测的不确定性，又能有效避免优化调度繁重的计算负担。

（2）研究基于代理模型的双层嵌套机组组合优化算法。为了提高双层嵌套优化方法在解决机组组合问题中的计算效率，本书将内层动态规划所有可能的负荷分配结果进行预先存储供实时调度时直接调用。这种方法对于水电机组台数较少并且机组型号一致时处理起来较为简便。当涉及水库群系统水电机组台数较多或者机组型号不一致时，预存储策略需要考虑多种情景组合，处理起来较为繁琐。此时，可考虑采用代理模型对内层动态规划模型进行逼近，构造寻优速率快、适用性强的双层嵌套优化算法。值得指出的是，该双层嵌套优化算法不仅可以用于水电机组组合问题，还可应用于水火电机组组合问题。

（3）研究大电网背景下风光水联调日前发电计划编制。在水光互补系统日前发电计划编制问题中，本书采用典型日负荷曲线对互补系统的出力特征进行描述。基于互补电站的历史运行资料，采用情景缩减算法确定典型日负荷曲线是一种可行的思路。由于互补系统与大电网连接，互补系统的调度需要服从整个电网的调度。因此，互补系统出力特征的确定需要考虑其在电力系统中所处的位置，孤立的研究可能导致所制订的发电计划曲线难以被大电网调度人员所采纳。随着系统研究规模的扩大，双层规划上层模型可考虑替换为剩余负荷平方和最小模型以及其他衍生模型。

在气候变化和能源转型的大背景下，流域水文水资源系统和电力系统之间呈现出高度的耦合性。利用物联网、大数据、云计算、人工智能等先进的技术手段，将流域水文循环、电力系统安全经济运行、适应性水资源管理3方面进行有机整合，开展流域尺度的多互补系统多层级、多尺度的协同运行研究是一种必然的趋势。

参 考 文 献

［1］ 张海龙．中国新能源发展研究［D］．长春：吉林大学，2014．

［2］ 李开放，任建龙．中国新能源产业发展的政策探析［J］．无线互联科技，2013（11）：165．

［3］ SIMS R. Renewable energy：a response to climate change［J］. Solar Energy, 2004, 76（1-3）：9-17.

［4］ WANG D D, SUEYOSHI T. Climate change mitigation targets set by global firms：Overview and implications for renewable energy［J］. Renewable & Sustainable Energy Reviews, 2018, 94：386-398.

［5］ 钱伯章．世界可再生能源开发现状和趋势（上）［J］．太阳能，2012（01）：15-18．

［6］ 钱伯章．世界可再生能源开发现状和趋势（下）［J］．太阳能，2012（02）：18-22．

［7］ ENGELS A. Understanding how China is championing climate change mitigation［J］. Palgrave Communications, 2018, 4（UNSP 100）.

［8］ SHAH R, MITHULANANTHAN N, BANSAL R C, et al. A review of key power system stability challenges for large-scale PV integration［J］. Renewable & Sustainable Energy Reviews, 2015, 41：1423-1436.

［9］ 黎永华．结合储能的并网光伏发电对电网的调峰作用分析［D］．北京：华北电力大学，2012．

［10］ 陈炜，艾欣，吴涛，等．光伏并网发电系统对电网的影响研究综述［J］．电力自动化设备，2013（02）：26-32．

［11］ 丁明，王伟胜，王秀丽，等．大规模光伏发电对电力系统影响综述［J］．中国电机工程学报，2014（01）：1-14．

［12］ 李碧君，方勇杰，杨卫东，等．光伏发电并网大电网面临的问题与对策［J］．电网与清洁能源，2010（04）：52-59．

［13］ 潘华君，许晓峰．风电并网对电力系统稳定性影响的研究综述［J］．沈阳工程学院学报（自然科学版），2013（01）：54-57．

［14］ 李彬艳．水电站长期调峰初步研究［D］．武汉：华中科技大学，2007．

［15］ 唐新华，周建军．梯级水电群联合调峰调能研究［J］．水力发电学报，2013（04）：260-266．

［16］ 武新宇，程春田，申建建，等．大规模水电站群短期优化调度方法Ⅲ：多电网调峰问题［J］．水利学报，2012（01）：31-42．

［17］ 王本德，周惠成，卢迪．我国水库（群）调度理论方法研究应用现状与展望［J］．水利学报，2016（03）：337-345．

［18］ LABADIE J W. Optimal operation of multireservoir systems：State-of-the-art review［J］. Journal of Water Resources Planning and Management, 2004, 130（2）：93-111.

[19] RANI D, MOREIRA M M. Simulation – optimization modeling: A survey and potential application in reservoir systems operation [J]. Water Resources Management, 2010, 24 (6): 1107 – 1138.

[20] 王浩, 王旭, 雷晓辉, 等. 梯级水库群联合调度关键技术发展历程与展望 [J]. 水利学报, 2019, 50 (01): 25 – 37.

[21] MURTHY S S, JHA C S, RAO P S N. Analysis of grid connected induction generators driven by hydro/wind turbines under realistic system constraints [J]. IEEE Transactions on Aerospace and Electronic Systems, 1990, 5 (1): 1 – 7.

[22] CHEDID R, RAHMAN S. Unit sizing and control of hybrid wind – solar power systems [J]. IEEE Transactions On Energy Conversion, 1997, 12 (1): 79 – 85.

[23] BEKELE G, TADESSE G. Feasibility study of small Hydro/PV/Wind hybrid system for off – grid rural electrification in Ethiopia [J]. Applied Energy, 2012, 97: 5 – 15.

[24] ASHOK S. Optimised model for community – based hybrid energy system [J]. Renewable Energy, 2007, 32 (7): 1155 – 1164.

[25] DESHMUKH M K, DESHMUKH S S. Modeling of hybrid renewable energy systems [J]. Renewable & Sustainable Energy Reviews, 2008, 12 (1): 235 – 249.

[26] MANCARELLA P. MES (multi – energy systems): An overview of concepts and evaluation models [J]. Energy, 2014, 65: 1 – 17.

[27] 陈森林. 水电站水库运行与调度 [M]. 北京: 中国电力出版社, 2008.

[28] 黄强, 畅建霞. 水资源系统多维临界调控的理论与方法 [M]. 北京: 中国水利水电出版社, 2007.

[29] 张睿. 流域大规模梯级电站群协同发电优化调度研究 [D]. 武汉: 华中科技大学, 2014.

[30] FOLEY A M, LEAHY P G, MARVUGLIA A, et al. Current methods and advances in forecasting of wind power generation [J]. Renewable Energy, 2012, 37 (1): 1 – 8.

[31] YANG H, HUANG C, HUANG Y, et al. A weather – based hybrid method for 1 – day ahead hourly forecasting of PV power output [J]. IEEE Transactions on Sustainable Energy, 2014, 5 (3): 917 – 926.

[32] 丘宁, 陈喜, 高满. 中国年径流频率分布及统计特征区域规律分析 [J]. 水电能源科学, 2015, 33 (12): 1 – 5.

[33] 赵书强, 李志伟. 考虑可再生能源出力不确定性的多能源电力系统日前调度 [J]. 华北电力大学学报 (自然科学版), 2018 (05): 1 – 10.

[34] LANGE M. On the uncertainty of wind power predictions – Analysis of the forecast accuracy and statistical distribution of errors [J]. Journal of Solar Energy Engineering – Transactions of the ASME, 2005, 127 (2): 177 – 184.

[35] 倪识远, 胡志坚. 基于概率密度拟合的风电功率波动特性研究 [J]. 湖北电力, 2014 (06): 12 – 15.

[36] LI H, LIU P, GUO S, et al. Long – term complementary operation of a large – scale hydro – photovoltaic hybrid power plant using explicit stochastic optimization [J]. Applied Energy, 2019 (238): 863 – 875.

[37] 王洪坤, 葛磊蛟, 李宏伟, 等. 分布式光伏发电的特性分析与预测方法综述 [J]. 电

力建设，2017（07）：1-9.

[38]　SIAHKALI H, VAKILIAN M. Stochastic unit commitment of wind farms integrated in power system [J]. Electric Power Systems Research, 2010, 80 (9): 1006-1017.

[39]　WANG J, SHAHIDEHPOUR M, LI Z. Security-constrained unit commitment with volatile wind power generation [J]. IEEE Transactions on Power Systems, 2008, 23 (3): 1319-1327.

[40]　李鹏梅，臧传治，李鹤鹏，等. 基于光伏预测的微电网能源随机优化调度 [J]. 传感器与微系统，2015（02）：61-64.

[41]　MAJIDI M, NOJAVAN S, ZARE K. Optimal stochastic short-term thermal and electrical operation of fuel cell/photovoltaic/battery/grid hybrid energy system in the presence of demand response program [J]. Energy Conversion and Management, 2017, 144: 132-142.

[42]　PAPPALA V S, ERLICH I, ROHRIG K, et al. A stochastic model for the optimal operation of a wind-thermal power system [J]. IEEE Transactions on Power Systems, 2009, 24 (2): 940-950.

[43]　DING H, HU Z, SONG Y. Stochastic optimization of the daily operation of wind farm and pumped-hydro-storage plant [J]. Renewable Energy, 2012, 48: 571-578.

[44]　BLUDSZUWEIT H, ANTONIO DOMINGUEZ-NAVARRO J, LLOMBART A. Statistical analysis of wind power forecast error [J]. IEEE Transactions on Power Systems, 2008, 23 (3): 983-991.

[45]　ZHANG Z, SUN Y, GAO D W, et al. A versatile probability distribution model for wind power forecast errors and its application in economic dispatch [J]. IEEE Transactions on Power Systems, 2013, 28 (3): 3114-3125.

[46]　赵唯嘉，张宁，康重庆，等. 光伏发电出力的条件预测误差概率分布估计方法 [J]. 电力系统自动化，2015（16）：8-15.

[47]　BAE K Y, JANG H S, SUNG D K. Hourly solar irradiance prediction based on support vector machine and its error analysis [J]. IEEE Transactions on Power Systems, 2017, 32 (2): 935-945.

[48]　卢锦玲，於慧敏. 基于混合 Copula 的风光功率相关结构分析 [J]. 太阳能学报，2017, 38 (11): 3188-3194.

[49]　LEANDRO AVILA R, MINE M R M, KAVISKI E, et al. Complementarity modeling of monthly streamflow and wind speed regimes based on a copula-entropy approach: A Brazilian case study [J]. Applied Energy, 2020, 259 (114127).

[50]　邱宜彬，李诗涵，刘璐，等. 基于场景 D 藤 Copula 模型的多风电场出力相关性建模 [J]. 太阳能学报，2019, 40 (10): 2960-2966.

[51]　ZHANG H, LU Z, HU W, et al. Coordinated optimal operation of hydro-wind-solar integrated systems [J]. Applied Energy, 2019, 242: 883-896.

[52]　王群. 风/光经典场景集的生成方法及应用 [D]. 杭州：浙江大学，2015.

[53]　DUPACOVA J, GROWE-KUSKA N, ROMISCH W. Scenario reduction in stochastic programming-An approach using probability metrics [J]. Mathematical Programming, 2003, 95 (3): 493-511.

[54] HEITSCH H, ROMISCH W. Scenario reduction algorithms in stochastic programming [J]. Computational Optimization and Applications, 2003, 24 (2-3): 187-206.

[55] 张晓辉, 闫柯柯, 卢志刚, 等. 基于场景概率的含风电系统多目标低碳经济调度 [J]. 电网技术, 2014 (07): 1835-1841.

[56] 邹云阳, 杨莉. 基于经典场景集的风光水虚拟电厂协同调度模型 [J]. 电网技术, 2015 (07): 1855-1859.

[57] 王伟, 梅亚东, 鲍正风. 基于日调峰模式的梯级电站长期调峰效益模型 [J]. 水力发电学报, 2018 (02): 47-58.

[58] XU B, ZHONG P, ZAMBON R C, et al. Scenario tree reduction in stochastic programming with recourse for hydropower operations [J]. Water Resources Research, 2015, 51 (8): 6359-6380.

[59] 静铁岩, 吕泉, 郭琳, 等. 水电-风电系统日间联合调峰运行策略 [J]. 电力系统自动化, 2011 (22): 97-104.

[60] AN Y, FANG W, MING B, et al. Theories and methodology of complementary hydro/photovoltaic operation: Applications to short-term scheduling [J]. Journal of Renewable and Sustainable Energy, 2015, 7 (6): 063133.

[61] JURASZ J, BELUCO A, CANALES F A. The impact of complementarity on power supply reliability of small scale hybrid energy systems [J]. Energy, 2018, 161: 737-743.

[62] LI P, ARELLANO-GARCIA H, WOZNY G. Chance constrained programming approach to process optimization under uncertainty [J]. Computers & Chemical Engineering, 2008, 32 (1-2): 25-45.

[63] 王海冰, 王承民, 张庚午, 等. 考虑条件风险价值的两阶段发电调度随机规划模型和方法 [J]. 中国电机工程学报, 2016, 36 (24): 6838-6848.

[64] BERTSIMAS D, SIM M. The price of robustness [J]. Operations Research, 2004, 52 (1): 35-53.

[65] 于丹文, 杨明, 翟鹤峰, 等. 鲁棒优化在电力系统调度决策中的应用研究综述 [J]. 电力系统自动化, 2016, 40 (07): 134-143.

[66] JIANG R, WANG J, GUAN Y. Robust unit commitment with wind power and pumped storage hydro [J]. IEEE Transactions on Power Systems, 2012, 27 (2): 800-810.

[67] CHEN Y, WEI W, LIU F, et al. Distributionally robust hydro-thermal-wind economic dispatch [J]. Applied Energy, 2016, 173: 511-519.

[68] 张聪. 基于区间理论的不确定性无功优化模型及算法 [D]. 广州: 华南理工大学, 2018.

[69] 丁涛, 郭庆来, 柏瑞, 等. 考虑风电不确定性的区间经济调度模型及空间分支定界法 [J]. 中国电机工程学报, 2014 (22): 3707-3714.

[70] WANG Y, XIA Q, KANG C. Unit commitment with volatile node injections by using interval optimization [J]. IEEE Transactions on Power Systems, 2011, 26 (3): 1705-1713.

[71] WU L, SHAHIDEHPOUR M, LI Z. Comparison of scenario-based and interval optimization approaches to stochastic SCUC [J]. IEEE Transactions on Power

Systems, 2012, 27 (2): 913-921.

[72] 张世钦. 基于改进粒子群算法的风光水互补发电系统短期调峰优化调度 [J]. 水电能源科学, 2018 (04): 208-212.

[73] 程春田, 武新宇, 申建建, 等. 大规模水电站群短期优化调度方法 I: 总体概述 [J]. 水利学报, 2011 (09): 1017-1024.

[74] 程春田, 申建建, 武新宇, 等. 大规模水电站群短期优化调度方法 IV: 应用软件系统 [J]. 水利学报, 2012 (02): 160-167.

[75] 申建建, 武新宇, 程春田, 等. 大规模水电站群短期优化调度方法 II: 高水头多振动区问题 [J]. 水利学报, 2011 (10): 1168-1176.

[76] 王金文, 刘双全. 短期水电系统发电调度的优化方法综述 [J]. 水电能源科学, 2008 (06): 137-143.

[77] 袁晓辉, 袁艳斌, 王金文, 等. 水火电力系统短期发电计划优化方法综述 [J]. 中国电力, 2002 (09): 36-41.

[78] de QUEIROZ A R. Stochastic hydro-thermal scheduling optimization: An overview [J]. Renewable & Sustainable Energy Reviews, 2016, 62: 382-395.

[79] SANCHEZ DE LA NIETA A A, CONTRERAS J, IGNACIO MUNOZ J. Optimal coordinated wind-hydro bidding strategies in day-ahead markets [J]. IEEE Transactions on Power Systems, 2013, 28 (2): 798-809.

[80] 张倩文, 王秀丽, 李言. 含风-光-水-储互补电力系统的优化调度研究 [J]. 电力与能源, 2017 (05): 581-586.

[81] MING B, CHANG J, HUANG Q, et al. Optimal operation of multi-reservoir system based-on cuckoo search algorithm [J]. Water Resources Management, 2015, 29 (15): 5671-5687.

[82] CHEN J J, ZHUANG Y B, LI Y Z, et al. Risk-aware short term hydro-wind-thermal scheduling using a probability interval optimization model [J]. Applied Energy, 2017, 189: 534-554.

[83] MING B, LIU P, BAI T, et al. Improving optimization efficiency for reservoir operation using a search space reduction method [J]. Water Resources Management, 2017, 31 (4): 1173-1190.

[84] WANG X, MEI Y, KONG Y, et al. Improved multi-objective model and analysis of the coordinated operation of a hydro-wind-photovoltaic system [J]. Energy, 2017, 134: 813-839.

[85] LI F, QIU J, WEI J. Multiobjective optimization for hydro-photovoltaic hybrid power system considering both energy generation and energy consumption [J]. Energy Science & Engineering, 2018, 6 (5): 362-370.

[86] 杨晓萍, 刘浩杰, 黄强. 考虑分时电价的风光储联合"削峰"优化调度模型 [J]. 太阳能学报, 2018, 39 (06): 1752-1760.

[87] ZHANG H, YUE D, XIE X, et al. Gradient decent based multi-objective cultural differential evolution for short-term hydrothermal optimal scheduling of economic emission with integrating wind power and photovoltaic power [J]. Energy, 2017, 122: 748-766.

［88］ FENG Z, NIU W, ZHOU J, et al. Scheduling of short - term hydrothermal energy system by parallel multi - objective differential evolution ［J］. Applied Soft Computing, 2017, 61: 58 - 71.

［89］ PADHY N P. Unit commitment - A bibliographical survey ［J］. IEEE Transactions on Power Systems, 2004, 19 (2): 1196 - 1205.

［90］ MING B, LIU P, GUO S, et al. Robust hydroelectric unit commitment considering integration of large - scale photovoltaic power: A case study in China ［J］. Applied Energy, 2018, 228: 1341 - 1352.

［91］ LI F, QIU J. Multi - objective optimization for integrated hydro - photovoltaic power system ［J］. Applied Energy, 2016, 167: 377 - 384.

［92］ YANG Z, LIU P, CHENG L, et al. Deriving operating rules for a large - scale hydro - photovoltaic power system using implicit stochastic optimization ［J］. Journal of Cleaner Production, 2018, 195: 562 - 572.

［93］ 赵铜铁钢. 考虑水文预报不确定性的水库优化调度研究 ［D］. 北京: 清华大学, 2013.

［94］ 董晓华, 刘冀, 邓霞, 等. 三峡水库中期优化调度方法研究 ［J］. 三峡大学学报 (自然科学版), 2010 (01): 1 - 5.

［95］ CHEN J, ZHONG P, ZHAO Y. Research on a layered coupling optimal operation model of the Three Gorges and Gezhouba cascade hydropower stations ［J］. Energy Conversion and Management, 2014, 86: 756 - 763.

［96］ 刘双全. 梯级水电系统发电优化调度研究及应用 ［D］. 武汉: 华中科技大学, 2009.

［97］ 张诚. 区域电网水电站群联合优化调度研究 ［D］. 武汉: 华中科技大学, 2017.

［98］ CELESTE A B, SUZUKI K, KADOTA A. Integrating long - and short - term reservoir operation models via stochastic and deterministic optimization: Case study in Japan ［J］. Journal of Water Resources Planning and Management, 2008, 134 (5): 440 - 448.

［99］ SREEKANTH J, DATTA B, MOHAPATRA P K. Optimal short - term reservoir operation with integrated long - term Goals ［J］. Water Resources Management, 2012, 26 (10): 2833 - 2850.

［100］ 武新宇, 程春田, 李刚, 等. 水电站群长期典型日调峰电量最大模型研究 ［J］. 水利学报, 2012 (03): 363 - 371.

［101］ XU B, ZHONG P, STANKO Z, et al. A multiobjective short - term optimal operation model for a cascade system of reservoirs considering the impact on long - term energy production ［J］. Water Resources Research, 2015, 51 (5): 3353 - 3369.

［102］ NAJL A A, HAGHIGHI A, SAMANI H M V. Simultaneous optimization of operating rules and rule curves for multireservoir systems using a self - adaptive simulation - GA Model ［J］. Journal of Water Resources Planning and Management, 2016, 142 (10): 04016041.

［103］ OLIVEIRA R, LOUCKS D P. Operating rules for multireservoir systems ［J］. Water Resources Research, 1997, 33 (4): 839 - 852.

［104］ LUND J R, GUZMAN J. Derived operating rules for reservoirs in series or in parallel ［J］. Journal of Water Resources Planning and Management，1999，125（3）：143 – 153.

［105］ YOUNG G K. Finding reservoir operating rules ［J］. Journal of the Hydraulics Division，1967，93（6）：297 – 322.

［106］ STEDINGER J R, SULE B F, LOUCKS D P. Stochastic dynamic programming models for reservoir operation optimization ［J］. Water Resources Research，1984，20（11）：1499 – 1505.

［107］ KOUTSOYIANNIS D, ECONOMOU A. Evaluationof the parameterization – simulation – optimization approach for the control of reservoir systems ［J］. Water Resources Research，2003，39：11706.

［108］ 曾祥. 供水水库群联合调度规则表述形式及其最优性条件 ［D］. 武汉：武汉大学，2015.

［109］ 黄草，王忠静，鲁军，等. 长江上游水库群多目标优化调度模型及应用研究Ⅱ：水库群调度规则及蓄放次序 ［J］. 水利学报，2014（10）：1175 – 1183.

［110］ 缪益平，魏鹏，陈飞翔，等. 雅砻江下游梯级水电站联合优化调度研究 ［J］. 水力发电，2014（05）：70 – 72.

［111］ 王宗志，王伟，刘克琳，等. 水电站水库长期优化调度模型及调度图 ［J］. 水利水运工程学报，2016（05）：23 – 31.

［112］ 张双虎，黄强，黄文政，等. 基于模拟遗传混合算法的梯级水库优化调度图制定 ［J］. 西安理工大学学报，2006（03）：229 – 233.

［113］ 程春田，杨凤英，武新宇，等. 基于模拟逐次逼近算法的梯级水电站群优化调度图研究 ［J］. 水力发电学报，2010（06）：71 – 77.

［114］ CHANG F J, CHEN L, CHANG L C. Optimizing the reservoir operating rule curves by genetic algorithms ［J］. Hydrological Processes，2005，19（11）：2277 – 2289.

［115］ CHANG Y T, CHANG L C, CHANG F J. Intelligent control for modeling of real – time reservoir operation, part Ⅱ：artificial neural network with operating rule curves ［J］. Hydrological Processes，2005，19（7）：1431 – 1444.

［116］ 王平.《水利工程水利计算规范》中水电站调度图编制方法探析 ［J］. 水利技术监督，2018（04）：1 – 7.

［117］ PENG Y, CHU J, PENG A, et al. Optimization operation model coupled with improving water – transfer rules and hedging rules for inter – basin water transfer – supply systems ［J］. Water Resources Management，2015，29（10）：3787 – 3806.

［118］ 王旭，雷晓辉，蒋云钟，等. 基于可行空间搜索遗传算法的水库调度图优化 ［J］. 水利学报，2013（01）：26 – 34.

［119］ 杨延伟，陈森林，黄馗，等. 考虑光滑性约束的水库发电调度图优化方法研究 ［J］. 水电能源科学，2010，28（08）：133 – 136.

［120］ 纪昌明，周婷，王丽萍，等. 水库水电站中长期隐随机优化调度综述 ［J］. 电力系统自动化，2013（16）：129 – 135.

［121］ 卢迪，周如瑞. 耦合中期、长期径流预报的跨流域引水受水水库调度图研究 ［J］. 水资源与水工程学报，2016（06）：7 – 12.

［122］ 刘攀，郭生练，张文选，等. 梯级水库群联合优化调度函数研究 ［J］. 水科学进展，

2007 (6)：816-822.

[123] 周研来，郭生练，刘德地．混联水库群的双量调度函数研究［J］．水力发电学报，2013 (3)：55-61.

[124] 郭玉雪，方国华，闻昕，等．水电站分期发电调度规则提取方法［J］．水力发电学报，2019，38 (01)：20-31.

[125] ZHANG J, LIU P, WANG H, et al. A Bayesian model averaging method for the derivation of reservoir operating rules ［J］. Journal of Hydrology, 2015, 528：276-285.

[126] 张慧峰．梯级水库群多目标优化调度及多属性决策研究［D］．武汉：华中科技大学，2013.

[127] 陈洋波，曾碧球．水库供水发电多目标优化调度模型及应用研究［J］．人民长江，2004，35 (4)：11-13.

[128] 李志伟，赵书强，李东旭，等．基于改进ε-约束与采样确定性转化的电力系统日前调度机会约束模型快速求解技术［J］．中国电机工程学报，2018，38 (16)：4679-4691.

[129] 杨扬，初京刚，李昱，等．考虑供水顺序的水库多目标优化调度研究［J］．水力发电，2015，41 (12)：89-92.

[130] DEB. Multi-objective optimization using evolutionary algorithms ［M］. New York：John Wiley & Sons, 2001.

[131] DEB K, PRATAP A, AGARWAL S, et al. A fast and elitist multiobjective genetic algorithm：NSGA-Ⅱ ［J］. IEEE Transactions on Evolutionary Computation, 2002, 6 (2)：182-197.

[132] 刘攀，郭生练，李玮，等．用多目标遗传算法优化设计水库分期汛限水位［J］．系统工程理论与实践，2007 (04)：81-90.

[133] ZHANG C, XU B, LI Y, et al. Exploring the relationships among reliability, resilience, and vulnerability of water supply using many-objective analysis ［J］. Journal of Water Resources Planning and Management, 2017, 143 (8)：04017044.

[134] MALEKMOHAMMADI B, ZAHRAIE B, KERACHIAN R. Ranking solutions of multi-objective reservoir operation optimization models using multi-criteria decision analysis ［J］. Expert Systems with Applications, 2011, 38 (6)：7851-7863.

[135] BELUCO A, de SOUZA P K, KRENZINGER A. A dimensionless index evaluating the time complementarity between solar and hydraulic energies ［J］. Renewable Energy, 2008, 33 (10)：2157-2165.

[136] BETT P E, THORNTON H E. The climatological relationships between wind and solar energy supply in Britain ［J］. Renewable Energy, 2016, 87 (1)：96-110.

[137] SILVA A R, PIMENTA F M, ASSIREU A T, et al. Complementarity of Brazil's hydro and offshore wind power ［J］. Renewable & Sustainable Energy Reviews, 2016, 56：413-427.

[138] FRANCOIS B, BORGA M, CREUTIN J D, et al. Complementarity between solar and hydro power：Sensitivity study to climate characteristics in Northern-Italy ［J］. Renewable Energy, 2016, 86：543-553.

[139] FRANCOIS B, HINGRAY B, RAYNAUD D, et al. Increasing climate-related-energy penetration by integrating run-of-the-river hydropower to wind/solar mix

[J]. Renewable Energy, 2016, 87 (1): 686-696.

[140] FRANCOIS B, ZOCCATELLI D, BORGA M. Assessing small hydro/solar power complementarity in ungauged mountainous areas: A crash test study for hydrological prediction methods [J]. Energy, 2017, 127: 716-729.

[141] CANTAO M P, BESSA M R, BETTEGA R, et al. Evaluation of hydro-wind complementarity in the Brazilian territory by means of correlation maps [J]. Renewable Energy, 2017, 101: 1215-1225.

[142] DOS ANJOS P S, ALVES DA SILVA A S, STOSIC B, et al. Long-term correlations and cross-correlations in wind speed and solar radiation temporal series from Fernando de Noronha Island, Brazil [J]. Physica A: Statistical Mechanics and its Applications, 2015, 424: 90-96.

[143] de JONG P, SANCHEZ A S, ESQUERRE K, et al. Solar and wind energy production in relation to the electricity load curve and hydroelectricity in the northeast region of Brazil [J]. Renewable & Sustainable Energy Reviews, 2013, 23: 526-535.

[144] HOICKA C E, ROWLANDS I H. Solar and wind resource complementarity: Advancing options for renewable electricity integration in Ontario, Canada [J]. Renewable Energy, 2011, 36 (1): 97-107.

[145] LIU Y, XIAO L, WANG H, et al. Analysis on the hourly spatiotemporal complementarities between China's solar and wind energy resources spreading in a wide area [J]. Science China Technological Sciences, 2013, 56 (3): 683-692.

[146] 姬生才, 王昭亮, 牛子曦. 灰色绝对关联度在风光互补特性分析中的应用 [J]. 西北水电, 2018 (03): 99-103.

[147] 韩柳, 庄博, 吴耀武, 等. 风光水火联合运行电网的电源出力特性及相关性研究 [J]. 电力系统保护与控制, 2016, 44 (19): 91-98.

[148] 张撼难. 金沙江下游干热河谷地区风电场、光伏电站和水电站互补调节特性分析 [D]. 重庆: 重庆大学, 2015.

[149] BELUCO A, de SOUZA P K, KRENZINGER A. A method to evaluate the effect of complementarity in time between hydro and solar energy on the performance of hybrid hydro-PV generating plants [J]. Renewable Energy, 2012, 45: 24-30.

[150] DENAULT M, DUPUIS D, COUTURE-CARDINAL S. Complementarity of hydro and wind power: Improving the risk profile of energy inflows [J]. Energy Policy, 2009, 37 (12): 5376-5384.

[151] 田旭, 张祥成, 白左霞, 等. 青海省水电与光伏互补特性分析与效果评价 [J]. 电力建设, 2015, 36 (10): 67-72.

[152] NFAH E M, NGUNDAM J M. Feasibility of pico-hydro and photovoltaic hybrid power systems for remote villages in Cameroon [J]. Renewable Energy, 2009, 34 (6): 1445-1450.

[153] MA T, YANG H, LU L, et al. Technical feasibility study on a standalone hybrid solar-wind system with pumped hydro storage for a remote island in Hong Kong [J]. Renewable Energy, 2014, 69: 7-15.

[154] 沈有国, 祁生晶, 侯先庭. 水光互补电站建设分析 [J]. 西北水电, 2014, (06):

83 - 86.

[155] 龚传利，王英鑫，陈小松，等．龙羊峡水光互补自动发电控制策略及应用 [J]．水电站机电技术，2014，37 (03)：63 - 64＋114.

[156] 刘娟楠，王守国，王敏．水光互补系统对龙羊峡水电站综合运用影响分析 [J]．电网与清洁能源，2015，31 (09)：83 - 87.

[157] 徐林，阮新波，张步涵，等．风光蓄互补发电系统容量的改进优化配置方法 [J]．中国电机工程学报，2012，32 (25)：88 - 98＋14.

[158] 丁明，王波，赵波，等．独立风光柴储微网系统容量优化配置 [J]．电网技术，2013，37 (03)：575 - 581.

[159] BELMILI H, HADDADI M, BACHA S, et al. Sizing stand - alone photovoltaic - wind hybrid system：Techno - economic analysis and optimization [J]. Renewable & Sustainable Energy Reviews, 2014, 30: 821 - 832.

[160] 郭力，刘文建，焦冰琦，等．独立微网系统的多目标优化规划设计方法 [J]．中国电机工程学报，2014，34 (04)：524 - 536.

[161] KAABECHE A, IBTIOUEN R. Techno - economic optimization of hybrid photovoltaic/wind/diesel/battery generation in a stand - alone power system [J]. Solar Energy, 2014, 103: 171 - 182.

[162] 张建华，于雷，刘念，等．含风/光/柴/蓄及海水淡化负荷的微电网容量优化配置 [J]．电工技术学报，2014，29 (02)：102 - 112.

[163] 王晶，陈江斌，束洪春．基于可靠性的微网容量最优配置 [J]．电力自动化设备，2014，34 (04)：120 - 127.

[164] KALINCI Y, HEPBASLI A, DINCER I. Techno - economic analysis of a stand - alone hybrid renewable energy system with hydrogen production and storage options [J]. International Journal of Hydrogen Energy, 2015, 40 (24): 7652 - 7664.

[165] KHAN M R B, JIDIN R, PASUPULETI J, et al. Optimal combination of solar, wind, micro - hydro and diesel systems based on actual seasonal load profiles for a resort island in the South China Sea [J]. Energy, 2015, 82: 80 - 97.

[166] BANESHI M, HADIANFARD F. Techno - economic feasibility of hybrid diesel/PV/wind/battery electricity generation systems for non - residential large electricity consumers under southern Iran climate conditions [J]. Energy Conversion and Management, 2016, 127: 233 - 244.

[167] CHAUHAN A, SAINI R P. Techno - economic optimization based approach for energy management of a stand - alone integrated renewable energy system for remote areas of India [J]. Energy, 2016, 94: 138 - 156.

[168] HOSSEINALIZADEH R, SHAKOURI H G, AMALNICK M S, et al. Economic sizing of a hybrid (PV - WT - FC) renewable energy system (HRES) for stand - alone usages by an optimization - simulation model：Case study of Iran [J]. Renewable & Sustainable Energy Reviews, 2016, 54: 139 - 150.

[169] KOUGIAS I, SZABO S, MONFORTI - FERRARIO F, et al. A methodology for optimization of the complementarity between small - hydropower plants and solar PV systems [J]. Renewable Energy, 2016, 87 (2): 1023 - 1030.

[170] KAUR R, KRISHNASAMY V, KANDASAMY N K. Optimal sizing of wind - PV - based DC microgrid for telecom power supply in remote areas [J]. IET Renewable Power Generation, 2018, 12 (7): 859 - 866.

[171] 张舒捷, 姚李孝, 张节潭, 等. 基于遗传算法的水光互补光伏电站容量优化研究 [J]. 青海电力, 2015, 34 (04): 29 - 32.

[172] FANG W, HUANG Q, HUANG S, et al. Optimal sizing of utility - scale photovoltaic power generation complementarily operating with hydropower: A case study of the world's largest hydro - photovoltaic plant [J]. Energy Conversion and Management, 2017, 136: 161 - 172.

[173] LONG H, EGHLIMI M, ZHANG Z. Configuration optimization and analysis of a large - scale PV/wind system [J]. IEEE Transactions on Sustainable Energy, 2017, 8 (1): 84 - 93.

[174] 卢鹏, 周建中, 莫莉, 等. 梯级水电站发电计划编制与厂内经济运行一体化调度模式 [J]. 电网技术, 2014, 38 (07): 1914 - 1922.

[175] 陈森林, 万俊, 刘子龙, 等. 水电系统短期优化调度的一般性准则 (1) ——基本概念与数学模型 [J]. 武汉水利电力大学学报, 1999 (03): 35 - 38.

[176] 陈森林, 万俊, 刘子龙, 等. 水电系统短期优化调度的一般性准则 (2) ——优化模型求解方法及实例应用 [J]. 武汉水利电力大学学报, 1999 (03): 39 - 43.

[177] 梅亚东, 朱教新. 黄河上游梯级水电站短期优化调度模型及迭代解法 [J]. 水力发电学报, 2000 (02): 1 - 7.

[178] 王仁权, 王金文, 伍永刚. 福建梯级水电站群短期优化调度模型及其算法 [J]. 云南水力发电, 2002 (1): 52 - 53, 102.

[179] 胡明罡, 练继建. 基于改进遗传算法的水电站日优化调度方法研究 [J]. 水力发电学报, 2004 (02): 17 - 21.

[180] CHENG C, WANG J, WU X. Hydro unit commitment with a head - sensitive reservoir and multiple vibration zones using MILP [J]. IEEE Transactions on Power Systems, 2016, 31 (6): 4842 - 4852.

[181] MA C, LIAN J, WANG J. Short - term optimal operation of Three - gorge and Gezhouba cascade hydropower stations in non - flood season with operation rules from data mining [J]. Energy Conversion and Management, 2013, 65: 616 - 627.

[182] 常楚阳. 清江梯级短期与实时优化调度策略研究 [D]. 武汉: 华中科技大学, 2017.

[183] OGLIARI E, DOLARA A, MANZOLINI G, et al. Physical and hybrid methods comparison for the day ahead PV output power forecast [J]. Renewable Energy, 2017, 113: 11 - 21.

[184] SOYSTER A L. Convex Programming With Set - Inclusive Constraints and Applications to Inexact Linear - Programming [J]. Operations Research, 1973, 21 (5): 1154 - 1157.

[185] GORISSEN B L, YANIKOGLU I, den HERTOG D. A practical guide to robust optimization [J]. Omega - International Journal of Management Science, 2015, 53: 124 - 137.

[186] GABREL V, MURAT C, THIELE A. Recent advances in robust optimization: An overview [J]. European Journal of Operational Research, 2014, 235 (3): 471 – 483.

[187] BUHMANN J M, GRONSKIY A Y, MIHALAK M, et al. Robust optimization in the presence of uncertainty: A generic approach [J]. Journal of Computer and System Sciences, 2018, 94: 135 – 166.

[188] 张晋东. 基于鲁棒优化的集装箱码头泊位分配问题研究 [D]. 北京: 清华大学, 2008.

[189] TOTH E, BRATH A. Multistep ahead streamflow forecasting: Role of calibration data in conceptual and neural network modeling [J]. Water Resources Research, 2007, 43 (11): W11405.

[190] ZHANG X, LIU P, ZHAO Y, et al. Error correction – based forecasting of reservoir water levels: Improving accuracy over multiple lead times [J]. Environmental Modelling & Software, 2018, 104: 27 – 39.

[191] XIN – SHE Y, DEB S. Cuckoo Search via Lévy flights: 2009 World Congress on Nature & Biologically Inspired Computing (NaBIC) [C]. Coimbatore, 2009.

[192] 李煜, 马良. 新型元启发式布谷鸟搜索算法 [J]. 系统工程, 2012, 30 (08): 64 – 69.

[193] 王凡, 贺兴时, 王燕, 等. 基于 CS 算法的 Markov 模型及收敛性分析 [J]. 计算机工程, 2012, 38 (11): 180 – 182.

[194] YANG X, DEB S. Cuckoo search: recent advances and applications [J]. Neural Computing and Applications, 2014, 24 (1): 169 – 174.

[195] 兰少峰, 刘升. 布谷鸟搜索算法研究综述 [J]. 计算机工程与设计, 2015, 36 (04): 1063 – 1067.

[196] 张晓凤, 王秀英. 布谷鸟搜索算法综述 [J]. 计算机工程与应用, 2018, 54 (18): 8 – 16.

[197] WANG J, LIU S, ZHANG Y. Quarter – hourly operation of large – scale hydropower reservoir systems with prioritized constraints [J]. Journal of Water Resources Planning and Management, 2015, 141 (1): 04014047.

[198] WANG J, HU W, LIU S. Short – term hydropower scheduling model with two coupled temporal scales [J]. Journal of Water Resources Planning and Management, 2018, 144 (2): 04017095.

[199] NIU W, FENG Z, CHENG C. Min – max linear programming model for multireservoir system operation with power deficit aspect [J]. Journal of Water Resources Planning and Management, 2018, 144 (10): 06018006.

[200] FENG Z, NIU W, CHENG C, et al. Peak operation of hydropower system with parallel technique and progressive optimality algorithm [J]. International Journal of Electrical Power & Energy Systems, 2018, 94: 267 – 275.

[201] 王超. 金沙江下游梯级水电站精细化调度与决策支持系统集成 [D]. 武汉: 华中科技大学, 2016.

[202] 王永强. 厂网协调模式下流域梯级电站群短期联合优化调度研究 [D]. 武汉: 华中科技大学, 2012.

[203] XIE M, ZHOU J, LI C, et al. Daily generation scheduling of cascade hydro plants

considering peak shaving constraints [J] . Journal of Water Resources Planning and Management, 2016, 142 (040150724).

[204] BELUCO A, de SOUZA P K, KRENZINGER A. A method to evaluate the effect of complementarity in time between hydro and solar energy on the performance of hybrid hydro PV generating plants [J] . Renewable Energy, 2012, 45: 24 – 30.

[205] STEDINGER J R, SULE B F, LOUCKS D P. Stochastic dynamic programming models for reservoir operation optimization [J] . Water Resources Research, 1984, 20 (11): 1499 – 1505.

[206] FABER B A, STEDINGER J R. Reservoir optimization using sampling SDP with ensemble streamflow prediction (ESP) forecasts [J] . Journal of Hydrology, 2001, 249 (1 – 4): 113 – 133.

[207] SCHOEN C, KOENIG E. A stochastic dynamic programming approach for delay management of a single train line [J] . European Journal of Operational Research, 2018, 271 (2): 501 – 518.

[208] SEDIC A, PAVKOVIC D, FIRAK M. A methodology for normal distribution – based statistical characterization of long – term insolation by means of historical data [J] . Solar Energy, 2015, 122: 440 – 454.

[209] CARLOS MENDEZ – GONZALEZ L, ALBERTO RODRIGUEZ – PICON L, JULIETA VALLES – ROSALES D, et al. Reliability analysis for electronic devices using beta – Weibull distribution [J] . Quality and Rellability Engineering International, 2017, 33 (8): 2521 – 2530.

[210] BISWAS P P, SUGANTHAN P N, AMARATUNGA GAJ. Optimal power flow solutions incorporating stochastic wind and solar power [J] . Energy Conversion and Management, 2017, 148: 1194 – 1207.

[211] SOUZA ROSA CDOC, COSTA K A, CHRISTO EDS, et al. Complementarity of Hydro, Photovoltaic, and Wind Power in Rio de Janeiro State [J] . Sustainability, 2017, 9 (7): 1130.

[212] KARAMOUZ M, HOUCK M H. Comparison of Stochastic and Deterministic Dynamic Programming for Reservoir Operating Rule Generation [J] . Water Resources Bulletin, 1987 (23): 1 – 9.

[213] WU X, CHENG C, LUND J R, et al. Stochastic dynamic programming for hydropower reservoir operations with multiple local optima [J] . Journal of Hydrology, 2018, 564: 712 – 722.

[214] 程春田, 武新宇, 申建建, 等. 亿千瓦级时代中国水电调度问题及其进展 [J] . 水利学报, 2019, 50 (01): 112 – 123.

[215] ZHAO T, ZHAO J, LIU P, et al. Evaluating the marginal utility principle for long – term hydropower scheduling [J] . Energy Conversion and Management, 2015, 106: 213 – 223.

[216] MING B, LIU P, GUO S, et al. Optimizing utility – scale photovoltaic power generation for integration into a hydropower reservoir by incorporating long – and short – term operational decisions [J] . Applied Energy, 2017, 204: 432 – 445.

[217] 贺兴时，李娜，杨新社，等．多目标布谷鸟搜索算法［J］．系统仿真学报，2015，27（04）：731－737.

[218] 杨晓萍，黄瑜珈，黄强．改进多目标布谷鸟算法的梯级水电站优化调度［J］．水力发电学报，2017，36（03）：12－21.

[219] 刘烨，钟平安，郭乐，等．基于多重迭代算法的梯级水库群调度图优化方法［J］．水利水电科技进展，2015，35（01）：85－88，94.

[220] 张阳，钟平安，徐斌，等．基于廊道约束的水库调度图优化遗传算法［J］．水利水电科技进展，2014，34（06）：13－17.

[221] 刘攀，张文选，李天元．考虑发电风险率的水库优化调度图编制［J］．水力发电学报，2013，32（04）：252－259.

[222] PARRA D，ZHANG X，BAUER C，et al. An integrated techno－economic and life cycle environmental assessment of power－to－gas systems［J］. Applied Energy，2017，193：440－454.

[223] ZUBI G，DUFO－LOPEZ R，PASAOGLU G，et al. Techno－economic assessment of an off－grid PV system for developing regions to provide electricity for basic domestic needs：A 2020－2040 scenario［J］. Applied Energy，2016，176：309－319.

[224] MOHAMED M A，ELTAMALY A M，ALOLAH A I. Sizing and techno－economic analysis of stand－alone hybrid photovoltaic/wind/diesel/battery power generation systems［J］. Journal of Renewable and Sustainable Energy，2015，7（6）：63－128.

[225] 叶秉如．水利计算及水资源规划［M］．北京：中国水利水电出版社，2003.

[226] HUA Z，MA C，LIAN J，et al. Optimal capacity allocation of multiple solar trackers and storage capacity for utility－scale photovoltaic plants considering output characteristics and complementary demand［J］. Applied Energy，2019，238：721－733.

[227] BANSHWAR A，SHARMA N K，SOOD Y R，et al. Market based procurement of energy and ancillary services from Renewable Energy Sources in deregulated environment［J］. Renewable Energy，2017，101：1390－1400.

[228] EFRON B. Bootstrap Methods：Another Look at the Jackknife［J］. The Annals of Statistics，1979，7（1）：1－26.